# Dynamische Strukturen in  unbelebter Materie

## Stigmergie und Wirbelringe

Mathias Hüfner

*Gestaltung des  Schutzumschlags: Mathias Hüfner*

*und vieler Abbildungen mit LibreOffice7 Draw und Paint 3D*

# Dynamische Strukturen in unbelebter Materie

## Stigmergie und Wirbelringe

von

Mathias Hüfner

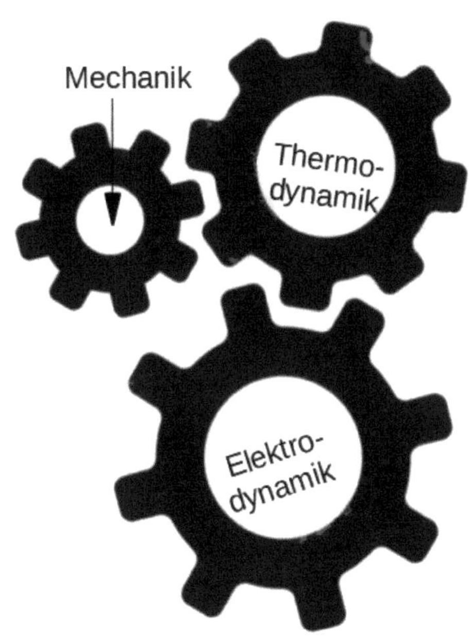

Herstellung und Verlag:
BoD – Books on Demand, Norderstedt

ISBN 9783756293513

# Inhaltsverzeichnis

# Vorwort zur deutschen Ausgabe

Wissenschaft ist nicht Sache eines Einzelnen sondern einer sozialen Gruppe mit gleichartigen Überzeugungen. Wenn heute nach über hundert Jahren Albert Einstein als das alle überragende Genie dargestellt wird, hat das einen gesellschaftlichen Hintergrund, der sich auf die Interessenlage einer jüdisch-christlich geprägten Wissenschaftlergemeinde bezieht. Einstein wäre niemals mit seiner Relativitätstheorie so berühmt geworden, wenn er nicht dadurch die Grenzen zwischen dem durch die katholische Kirche jahrhundertelang vertretenen geozentrischen Weltbild und dem heliozentrischen Weltbild durch seine Relativitätstheorie verwischt hätte, was ihm großen Ruhm eingebracht hat. Nach Einstein ist Ruhe und gleichförmige **geradlinige** Bewegung gleichbedeutend, da er die für die Bewegung notwendige Kraft von der Masse entkoppelt mit der Geometrie verbunden hat. Für normale Menschen macht es schon einen Unterschied, ob der Prophet zum Berg geht, oder der Berg zum Propheten kommt. Letzteres dürfte in der Realität für den Propheten wenig erfreulich ausgehen.

Als Projektion der heutigen Wissenschaftsauffassung in die Vergangenheit lässt sich die Geschichte der Wissenschaft als ein kumulatives Anwachsen der Erkenntnis verstehen, in dem einmal gewonnene Erkenntnis niemals mehr wesentlich angetastet allenfalls präzisiert wird. Das ist jedoch ein trügerisches Bild, weil nur die aus heutiger Sicht wertvollen Beiträge ausgewählt werden, um sie der Nachwelt zu erhalten. Um ein realistisches Bild der Wissenschaft zu erhalten, ist das Studium der historischen Schriften daher unerlässlich. [1])

Etablierte Wissenschaft ist nach Thomas S. Kuhn dogmatisch scholastisch, sie strebt nicht nach neuen Tatsachen oder Theorien und findet, wenn sie erfolgreich ist, auch keine.
Sie hat Techniken und Denkstrukturen entwickelt, nach denen ihre Forschung in vorgezeichneten Bahnen abzulaufen hat und deren Einhaltung in einem Peer Review System kontrolliert wird. Kuhn bezeichnet die Kombination von Denkstruktur und Technik als ein Paradigma. Doch Denkstrukturen markieren auch gleichzeitig Grenzen des Denkens. Das Überschreiten dieser Grenzen bezeichnet er als einen Paradigmenwechsel und er vergleicht ihn mit einer sozialen Revolution. Im Sinne eines dialektischen Wettstreits fordere ich lediglich eine Reformation des Denkens, was allerdings für die meisten Menschen eine ungeheure Herausforderung darstellt. Während eine Revolution den völligen Umsturz impliziert, möchte ich Wissenschaft eher mit einem Baum vergleichen, der immer neue Zweige treibt. Doch nicht alle diese Zweige liefern Früchte. Manche davon schießen wild ins Kraut, wie beispielsweise die Hypothesenstapel in der Astrophysik. Da wird hin und wider ein Verjüngungsschnitt notwendig. So ist die Beschreibung der Physik mittels mathematischer Gleichungen der Infinitesimalrechnung eine Technik und die dazugehörige Denkstruktur eine, die Systeme als abgeschlossen und symmetrisch denkt. In dieser Struktur bewegen sich die meisten Theorien angefangen vom Laplaceschen Dämon bis zu den Standardmodellen des Mikro- und Makrokosmos. Die Standardaussage ist die, dass das Universum sich ausdehne. Dazu muss

---

1     Thomas S. Kuhn – *The Structure of Scientific Revolutions;* University of Chicago Press  https://press.uchicago.edu/ucp/books/book/chicago/S/bo13179781.html

es als geschlossen mit festen Grenzen angenommen werden. Doch das ist ein Mythos, eine nicht beweisbare Hypothese, denn andererseits nimmt man das Universum als unendlich an. Beides zusammen ergibt einen logischen Widerspruch. Es werden uns im Buch noch weitere logische Widersprüche begegnen. Sie im Sinne einer Erkenntniserweiterung zu lösen, ist das Anliegen meines Buches.

Eine Theorie ist ein in sich abgeschlossenes Regelwerk von logischen Aussagen über Beobachtungen, das keine  Störungen durch  Aussagen über unerwartete Beobachtungen verträgt, die sich im Widerspruch zur Theorie befinden, denn damit kann man eine Theorie nach Karl Popper[2] falsifizieren. Solche Aussagen werden als Ausnahmen ausgesondert und von den Vertretern der Theorie so lange wie möglich ignoriert, wie ich in diesem Buch zeigen werde.

Neue und unerwartete Phänomene heutzutage insbesondere durch die Weltraumtechnik werden jedoch immer wieder von der wissenschaftlichen Forschung aufgedeckt, und radikal neue Theorien wurden immer wieder von Wissenschaftlern erfunden bis schließlich eine Quantität erreicht wird, dass die verfestigten Denkstrukturen überwunden werden müssen, um ein außergalaktisches Weltbild zu erklären.

Das weltweite Wirken von Ingenieuren  hat eine einzigartig leistungsfähige Weltraumtechnik entwickelt, um bei der Erkundung des Kosmos Überraschungen aller Art hervorzubringen  die nicht in das etablierte Paradigma passen. Trotz zähem Festhalten eta-

---

2    Karl Popper - *Logik der Forschung;*
     https://www.degruyter.com/document/doi/10.1524/9783050050188/pdf

blierter Wissenschaftler an alten Denkmustern setzt langsam ein Paradigmenwechsel ein und die bisher gültigen Theorien werden zur Disposition gestellt.

Unter diesem Eindruck habe ich in  meinem Buch „*Moderne Astrophysik trifft auf Ingenieurwissenschaften*" unter dem Begriff *Betrachtungsaspekt* noch ohne Kenntnis der Kuhnschen Wissenschaftsphilosophie ein neues Denkmuster zu entwickeln versucht, ein Denkmuster, das  auf Asymmetrie der Dynamik und Selbstähnlichkeit der Strukturen in einem offenen System basiert und als Technik habe ich das algorithmische Vorgehen vorgeschlagen, was der fraktalen Natur in ihren vier Phasen besser angepasst ist. Nachdem ich bereits eine englische Ausgabe meiner Ideen unter dem Titel *Dynamic Structures in an Open Cosmos* herausgebracht habe, werde ich diese Gedanken in der deutschen  Ausgabe ergänzen und weiterentwickeln, weshalb ich auch nicht den Originaltitel beibehalten habe, sondern nun über dynamischen Strukturen in unbelebter Materie schreibe, wobei ich mich an die Definition des Materiebegriffs von Friedrich Engels und Wladimir Iljitsch Uljanow halte, jedoch mich gegen Vorstellungen bezüglich Dialektik in unbelebter Materie abgrenze, da in unbelebter Materie keine konkurrierende Organisationsziele erkennbar sind.

Mein Paradigma lautet:

**Die Welt ist ein offenes dynamisches System und dynamisch bedeutet: Sie ist asymmetrisch, selbstähnlich über viele Skalen, dissipativ und fraktal und daher sind Algorithmen besser geeignet als Gleichungen, um sie zu beschreiben.**

Jena anno  2022

# Vorwort zur englischen  Ausgabe

*Menschen sind keine Gefangenen des Schicksals, sondern nur
Gefangene  ihres eigenen Geistes*        - Franklin Roosevelt

Seit dem Beginn des Informationszeitalters blicken wir auf ein Jahrhundert der Irrtümer und Maßlosigkeit zurück, aber auch der Erfolge. Vieles können wir heute besser erkennen als noch vor Jahrzehnten, wenn wir nur gewillt sind, uns der Mühe ernsthaften Studiums zu unterziehen. Das Problem bleibt, Erkenntnisse in gemeinnütziges Handeln umzusetzen.

In einer Zeit des Klimawandels und der notwendigen energetischen Umorientierung unserer Volkswirtschaft von den fossilen Energieträgern zu den $CO_2$-freien Energieträgern sollten wir mehr über die Funktionsweise des Kosmos und die physikalischen Grundlagen seiner Energieerzeugung wissen, zumal wir schon heute für Deutschland abschätzen können, dass Windenergie und Photovoltaik wohl nicht ausreichen werden, um den Energiehunger unserer Volkswirtschaft zu stillen. Mit den Zahlen von 2018 müssten wir ein Drittel der Fläche unseres Landes mit Windparks und Fotovoltaikanlagen voll stellen, um bei mittlerem Wind den Energieverbrauch eines Jahres von 1.182 TWh zu gewährleisten.

Theoretiker wollen uns einreden, sie wüssten schon alles über den Kosmos, nur könnten sie es uns nicht richtig erklären. Es wäre zu kompliziert. Doch solange etwas zu kompliziert ist, hat man nur noch nicht lange genug darüber nachgedacht, meinte schon Karl Popper. Also müssen wir neu nachdenken. Das ist in einer Zeit, wie unserer zugegebenermaßen schwierig. Wo findet man noch einen Platz, wo man ungestört ist. Dazu müsste man erst einmal das Handy ausschalten oder besser ein Funkloch suchen.

Das Wort Kosmos kommt aus dem Griechischen und bedeutet Ordnung und um eine Ordnung herzustellen, bedarf offensichtlich einer Organisation. Seit Urzeiten fragen sich die Menschen: Wie ist die Welt entstanden? Wer hat das alles bewerkstelligt? Dabei reflektieren sie ihre Erfahrungen  aus der Umwelt und kombinieren sie in ihrer Phantasie neu - oft zu sonderbaren Erklärungen. Da muss doch eine Organisation oder ein Schöpfer dahinter stecken, so wie sie die Organisation einer sozialen Ordnung selbst erleben?  Das würde aber bedeuten, dass es für die Natur einen Plan und ein Ziel geben müsse. Unser Wissen darüber ist begrenzt, unsere Phantasie grenzenlos. Wir können aber seit Urzeiten weder Zweck noch Ziel erkennen und das gipfelt in dem Satz: *Die Wege des Herrn sind unergründlich.* Das Problem liegt in der Komplexität der Natur, die die Komplexität unseres Geistes bei weitem übersteigt, um all die Wirkprinzipien in angemessenen Zeiten erkennen zu können.

Das Geheimnis des menschlichen Geistes ist jedoch seine Fähigkeit zur Abstraktion und zur Klassifikation,  um daraus induktive Schlüsse zu ziehen. Ähnliche Strukturen zwischen bekanntem und Unbekanntem, lässt die Vermutung zu, dass sich dahinter ähnliche Gesetzmäßigkeiten verbergen, wie bei den bekannten Strukturen. Insbesondere dann, wenn sich diese Strukturen im wesentlichen nur durch den Maßstab ihrer Ausdehnung in den drei Dimensionen unterscheiden.

Eine weitere Besonderheit ist, dass wichtige Erkenntnisse tiefere Spuren in unserem Geist hinterlassen als unwichtige. Dies funktioniert ähnlich wie bei einer Ameisenkolonie. Alle Ameisen sausen auf die Suche nach einer Nahrungsquelle scheinbar ziellos herum. Jede Ameise hinterlässt eine Pheromonspur, auf der sie ihren Weg zurück findet. Im Laufe der Zeit bildet sich eine intensive Pheromonspur, wo die Ameisen erfolgreich waren. Bei Ameisen verdunsten im Laufe der Zeit Spuren von Pheromonen, wenn sie nicht ständig erneuert werden. Auch die Spuren in unserem Geist verschwinden wieder, wenn sie nicht erneuert werden. Aber wir können Gedanken, die uns wichtig sind, in Bibliotheken speichern. Das unterscheidet uns von Ameisen.

Es gibt noch einen wichtigen Unterschied. Bei den Ameisen kennen wir keine Zensoren, die im Auftrag der Macht Spuren tilgen oder umlenken. Damit Menschen in ihrem Geist gefangen werden, kontrollieren Diktatoren den Geist der Menschen. Sie legen mit Hilfe von Ideologien oder Religionen die Grenzen des Denkens fest, verbieten darüber hinausführende Gedanken und beanspruchen die absolute Wahrheit für sich. Gleichzeitig haben sie ein Belohnungssystem mit dem sie Anhänger belohnen, um ihre Macht  zu sichern. Wie dies durchzusetzen ist, findet man beispielsweise in der Enzyklika **Pascendi Dominici gregis** von Papst Pius  X aus dem Jahre 1907. Sie war nicht nur Leitfaden für den Katholizismus, sondern auch für die kommunistischen Diktaturen, obwohl ein Quellennachweis heute schwierig werden dürfte, weil diese Mechanismen durch eine Reihe von Euphemismen getarnt wurden.

Um die Gedanken der Menschen zu kanalisieren, brauchen Diktatoren geistige Leitfiguren, die die geistigen Grenzen setzen. Aus dem 20. Jahrhundert kennen wir eine Menge solcher Leitfiguren, wie Marx, Lenin, Mao, Einstein und andere. Ehemalige DDR-Bürger kennen das Westfernsehverbot und Katholiken den Index verbotener Schriften. Ja, auch die Wissenschaft kennt solche geistigen Leitfiguren wie Albert Einstein oder Stephen Hawking, deren Bedeutung überhöht wurde, indem sie zu Genies erklärt wurden. Das zu steuern, ist Aufgabe von Martin J. Rees, Live Peer im Peer Review System und Mitglied der päpstlichen Akademie der Wissenschaften.

Die Aussagen solcher Leitfiguren dürfen nicht hinterfragt werden und mit ihren Aussagen kann man jede Gegenargumentation ersticken. *„Wenn's Einstein sagt, muss es doch stimmen, oder?"* und der Gegner wird verstummen. In der Physik kennen wir das Peer-Review-System, das unter dem Vorwand der Qualitätssicherung der Wissenschaft heute missliebige Aufsätze von Forschern in renommierten Zeitschriften unterdrückt, und in der Öffentlichkeit entsteht der Eindruck einer gleichgeschalteten Wissenschaft. Man spricht von einem Mainstream und täuscht so eine wissenschaftliche Einvernehmlichkeit vor.
Doch seit der Einführung des Internets geht das nicht mehr so einfach. Die Zahl der dissidenten Wissenschaftler auf dem Gebiet der Physik wächst. Mittlerweile sind es weltweit zehntausende, die sich gegen das von der katholischen Kirche kontrollierte geschlossene Weltverständnis auflehnen. Es ist nicht nur der physische Missbrauch von Vertretern dieser Macht zu beklagen, sondern vor allem der geistige Missbrauch.

Dieser geistige Missbrauch besteht darin, Phantasien als Realitäten zu verkaufen und Wunder zu generieren, um dadurch Macht über autoritätsgläubigen Menschen zu erlangen und sie so zu Gefangenen ihrer Gedanken zu machen. Das kann soweit gehen, dass versucht wird,  Irrglauben mit Gewalt durchzusetzen.

Dem kann man nur durch eine umfassende Allgemeinbildung entgegentreten, die aber immer noch vielen Menschen aus sozialen Gründen verwehrt bleibt. Man sollte meinen, dass  heutzutage im Zeitalter von Handy und Internet, jeder den Zugang zu Bildung hätte.  Nun ist das aber mit einem Überangebot von Informationen nicht so einfach, wo Wahrheit und Lüge miteinander konkurrieren.  Schwierig wird es besonders, wenn es sich um Orte und Begebenheiten handelt, die so gut wie nie erreichbar sind und somit der direkten Beobachtung entzogen sind. Diese Orte bieten sich für „wissenschaftliche" Falschmeldungen regelrecht an. Hierzu zählen seit Menschengedenken der Makrokosmos aber auch der Mikrokosmos, die Welt der Atomkerne.

Nur rückt dieser Makrokosmos seit der Mitte des 20. Jahrhunderts auch immer mehr in das Bewusstsein der Menschen, erst als Spielwiese menschlicher Phantasien und nun immer mehr als Gegenstand physikalischer Untersuchungen, weil wir begreifen, dass wir ein Teil dieses Kosmos sind. Dabei stoßen wir an die missbräuchlich generierten Grenzen eines in sich widersprüchlichen Geistes, die nur im demokratischen Diskurs überwunden werden können. Doch diese Grenzen nimmt man in einem statischen Umfeld nicht wahr. Mir persönlich wurden diese Grenzen erst nach dem gesellschaftlichen Wandel in meiner Heimat bewusst, als ich mit anderen Denkmustern konfrontiert wurde.

Nun hat gerade die Enzyklika Laudato si' von Papst Franziskus 2015 mit „der Sorge für das gemeinsame Haus" die Tür zu einem neuen Naturverständnis aufgestoßen. Dort heißt es unter §79:

»In diesem Universum, das aus offenen Systemen gebildet ist, die miteinander in Kommunikation treten,
können wir unzählige Formen von Beziehung und Beteiligung entdecken.«

Ob sich dieser Papst der revolutionären Sprengkraft seines obigen Satzes bei der Niederschrift wohl bewusst war? Denn damit hat er die Grenzen auch des Geistes geöffnet, die für die katholische Kirche über Jahrhunderte fest gefügt waren. Es erinnert mich an Günter Schabowskis Pressekonferenz im Jahr 1989 mit dem berühmten Zettel, der die physischen Grenzen meiner Heimat sprengte. In diesem Buch werde ich mich nun von zwei Grundsätzen leiten lassen:

**Der Kosmos ist ein offenes System und unser Erkenntnisgewinn basiert auf dem induktiven Schluss der Selbstähnlichkeit von Strukturen und ihrer technischen Bestätigung.**

Ich verwende bewusst den Begriff Kosmos, anstelle von Universum, da wir wissenschaftlich nur einen endlichen Teil dieses Universums überblicken können, der mit anderen unüberblickbaren Teilen in Wechselwirkung steht. Damit grenze ich mich von der Vorstellung eines geschlossenen expandierenden Kosmos ab und gleichzeitig auch von Spekulationen über nicht nachprüfbare kosmologische Fragestellungen über Anfang und Ende, sowie nicht exakt definierbare Begrifflichkeiten.
Damit sich unser Wissen über die Natur und den Kosmos entfalten kann, bedarf es des Demokratieverständnisses auch in der

Wissenschaft, dass sich nämlich letztendlich, allen Widerständen zum Trotz bei Strafe des Untergangs unserer Spezies die kollektive Vernunft durchsetzen muss, weil Menschen eine Begabung für Vernunft haben, auch wenn sie diese Begabung in Zeiten des Überflusses oft vernachlässigen. Religionen sowie heutiges Theorieverständnis sind geschlossene Systeme in denen Experimente zu ihrer Bestätigung disqualifiziert werden, der Erkenntnisgewinn braucht jedoch ein offenes System, das Theorien in Frage stellen darf. Wissenschaft ist keine Scholastik, sie muss sich verändern dürfen. Sie gedeiht nur in einer Demokratie. Wenn das 20. Jahrhundert das Jahrhundert der Versöhnung des Glaubens mit der Wissenschaft gewesen sein soll, so kann man konstatieren, dass dadurch eine Ideologisierung speziell der theoretischen Physik stattgefunden hat. Diese Ideologisierung ging mit einer wachsenden Arroganz und Kritikresistenz ihrer Vertreter einher.

Ausdruck dieser Entwicklung ist der Begriff „Dissidenter Wissenschaftler". In einer Liste von alternativen Theorien und  Kritiken an der gegenwärtigen Physik sind etwa 10.000 Wissenschaftler versammelt[3],  die meist isoliert voneinander ihre Ideen entwickelt haben. Im realen Leben hat die Demokratie am Ausgang des 20. Jahrhunderts über die ideologischen Grenzen der Diktatur gesiegt, doch im geistigen Leben beobachten wir gerade umgekehrte Tendenzen im amerikanischen  Trumpismus, aber auch

---

3    Jean de Climont - *The Worldwide List of Alternative Theories and Critics*
https://books.google.de/books/about/
    The_Worldwide_List_of_Alternative_Theori.html?
    id=KnzBDjnGIgYC&redir_esc=y

in der zunehmenden politischen Radikalisierung ausgehend von Russland in den europäischen Staaten. Dort ist die Intoleranz wieder weltweit auf dem Vormarsch.

Es wird Zeit, uns auf die Tugenden der Aufklärung des 19. Jahrhunderts zu besinnen, um sie mit den Erfahrungen des 20. Jahrhunderts zu verbinden, damit wir die Herausforderungen des 21. Jahrhunderts bestehen können.

Diesem Anliegen widme ich den vorliegenden Essay als ein Angebot für ein besseres Physikverständnis ohne unnötigen Ballast durch inkonsistente Theorien, die nicht durch nachprüfbare Fakten gestützt werden können. Das Paradigma der Theoretischen Physik des 20. Jahrhunderts ist geprägt von der Vorstellung einer Symmetrie in einer geschlossenen Welt. Symmetrie steht jedoch im Widerspruch zur Dynamik und damit zur zeitlichen Entwicklung.

Alle Dynamik ist asymmetrisch in einem Potentialfeld und die Grundgesetze der Bewegung von Massenpunkten lernen wir in der Mechanik. Die Elektrodynamik ist die Beschreibung der Bewegung von elementaren Ladungen und die Thermodynamik ist Beschreibung der Bewegung von Massenpunkten im Schwarm. Wenn wir die Welt erklären wollen, müssen wir verstehen, dass die Natur anders als im Lehrbuch mit abgegrenzten Regeln wirkt, sondern alle Mechanismen gleichzeitig wirken. Die Asymmetrie der Dynamik gilt überall in der Welt, egal ob ich sie als Dialektik zu erklären versuche, oder mit einer anderen Philosophie. Ich setze deshalb auf den Betrachtungsaspekt der Asymmetrie und der Skaleninvarianz.

In dieser Schrift werden wir uns zuerst mit den wegweisenden Ideen von Ilya Prigogine und ihren Konsequenzen beschäftigen, die die Thermodynamik auf eine neue Qualitätsstufe gehoben haben. In diesem Licht werden wir uns mit den drei der wichtigsten Arbeiten von Albert Einstein, die den Glauben an Symmetrie erhalten haben, auseinandersetzen müssen, um dann zu einem skaleninvarianten Bild der Elektrodynamik zu kommen. Dabei stelle ich die Elektro- und Thermodynamik in den Mittelpunkt der Betrachtung, da der atomare Aufbau der Welt auf der positiven und negativen Ladung von Massen basiert.

Jena anno 2021

# 1 Der Energiefluss in offenen dissipativen Systemen

*»Alles Gescheite ist schon gedacht worden, man muss nur versuchen, es noch einmal zu denken! «* - Johann Wolfgang von Goethe

Die Physik bleibt in weiten Teilen für den Laien unverständlich, weil sie in der Sprache der Mathematik formuliert ist. Das ist zwar über weite Strecken auch effektiv, weil Sachverhalte kürzer durch Gleichungen dargestellt werden können, als wenn man sie wortreich beschreiben müsste. Nur reicht der Umfang der mathematischen Ausdrucksweisen oft nicht aus, um einen physikalischen Sachverhalt adäquat beschreiben zu können. So werden idealisiere Modelle von physikalischen Sachverhalten gemacht, die sich zwar berechnen lassen, die aber deshalb oft von der Wirklichkeit stark abweichen. Die Folge ist, dass bei der heutigen Spezialisierung in den einzelnen Disziplinen sich eine Theorie-Gläubigkeit unter den Physikern ausgebreitet hat, die oft darüber elementare Grundlagen vergessen lässt.

Akademische Physiker, die weit von der Praxis entfernt sind, meinen, neue Naturgesetze erfinden zu müssen, anstatt auf Naturgesetze zu achten und mit der Natur darüber in einen Dialog zu treten. *"Dabei lassen sie sich von der Idee leiten, dass die besten Theorien schön, natürlich und elegant sind"*, sagt Sabine Hossenfelder in ihrem Buch *Das hässliche Universum*[4]). Was schön ist, muss wahr sein, ist eine weit verbreitete Meinung unter Theoretikern. *Schönheit* würde erfolgreiche Theorien von schlechten unterscheiden. Das ist ein Irrglaube, Wahrheit ist

---

4    S. Hossenfelder – *Das hässliche Universum,*
     https://www.fischerverlage.de/buch/sabine-hossenfelder-das-haessliche-universum-9783103972467

eine Bewertung, sie kann nicht berechnet werden. Wie sinnlos ein solcher Glaube ist, zeigt die Tatsache, dass die Theorien immer bizarrere Formen in den letzten Jahrzehnten annahmen. Sabine Hossenfelder schreibt dazu in ihrem Buch:

*»In den zwanzig Jahren meiner Beschäftigung mit theoretischer Physik sah ich die meisten Wissenschaftler, die ich kenne, Karriere machen, indem sie Dinge untersuchten, die niemand je gesehen hat. Sie haben wahnwitzige Theorien ausgebrütet wie die, dass unser Universum nur  eines in einer unendlichen Zahl von Universen sei, die zusammen ein „Multiversum" bilden. Sie haben Dutzende neuer Teilchen erfunden und erklärt, wir seien Projektionen eines Raums höherer Dimension, der durch Wurmlöcher hervorgebracht werde, die weit von einander entfernte Orte mit einander verbänden.«*

*Abb.1: Die Projektion der Fibonacci Spirale und der goldene Schnitt projiziert auf Galaxie M51 in der Konstellation des Hundes*

Doch das Schönheitsideal der Physiker weicht seit der Übermathematisierung der Physik zu Beginn des 20. Jahrhunderts vom künstlerisch ästhetischen Schönheitsideal grundsätzlich ab. Das Sinnbild der mathematischen Schönheit ist die Gleichung, welche die *Symmetrie* ausdrückt, während das Schönheitsideal der bildenden Kunst sich im Goldenen Schnitt und der Fibonacci-Spirale ausdrückt, in typischen Asymmetrien. Schon vor  hundert Jahren glaubten die Physiker wie selbstverständlich daran, dass die fundamentalen Naturgesetze symmetrisch seien und nicht zwischen links und rechts unterscheiden würden.

Sie glaubten auch, dass die Natur nach einem statischen Gleichgewicht streben würde. Dieses Gleichgewicht drückt sich auch in der mathematischen Gleichung aus und wo die Symmetrie nicht erkennbar war, wurden entsprechende Transformationen verwendet, um die Sicht auf die Gleichungen zu verändern, und dies wurde dann *Relativitätstheorie* genannt, als ob Gleichheit die einzige mathematische Beziehung wäre. Diese mathematische Armut der Physiker bei der Beschreibung dynamischer Prozesse ist ziemlich auffällig. Sie endet meist schon bei der Punktmechanik, dabei ist sie mit der Thermodynamik und Elektrodynamik fortzusetzen, statt sie als andere Disziplinen anzusehen.

Ein besonders markantes Beispiel dafür  ist der Umgang mit der Dynamik der Maxwellschen Gleichungen durch Albert Einstein, das den Übergang von der klassischen zur modernen Physik markiert. Der krönende Abschluss dieser Entwicklung sollte die Supersymmetrie des Standardmodells der Teilchenphysik werden. Schließlich nahm man wieder Abstand von dieser Theorie, weil keine ihrer Vorhersagen zutrafen.

Noch heute interpretieren viele Physiker ihr Fachgebiet mittels Gleichungen als Symmetrien. Das signifikanteste Beispiele dafür ist Einsteins berühmteste Formel $E = m{\cdot}c^{2}$ . Der Unterschied zwischen der Lichtgeschwindigkeit und der Geschwindigkeit eines festen Körpers ist, dass erstere Geschwindigkeit kein Vektor ist. Licht verteilt sich im gesamten Raum gleichmäßig, wenn keine speziellen technischen Maßnahmen ergriffen werden. So sind alle Richtungen gleichwertig. Eine gewöhnliche Lichtquelle ist ein *dissipatives System* im Sinne der Thermodynamik. Dem muss man bei der mathematischen Formulierung auch Rechnung tragen.

So besteht das Missverständnis, man könne Energie in Masse und Masse in Energie umwandeln. Die Masse ist jedoch der Träger der Energie, woraus folgt: Ohne Masse keine Energie. Folglich muss Einsteins Formel so geschrieben werden:

$$E \Rightarrow m \cdot c^2 \ \textbf{oder} \ \ E \Rightarrow p_e \cdot c$$

mit der Bedeutung, dass sich elektromagnetische Energie mit Lichtgeschwindigkeit überall in der Masse verteilt. Eine so verteilte Energie kann jedoch keine Arbeit verrichten. Wir verwenden dafür einen speziellen Begriff: *Entropie*.
Es gibt einen kausalen Zusammenhang zwischen der Bewegung des Elektrons und der Auslösung einer elektromagnetischen Welle. Aber eine Welle ist das Ergebnis des kollektiven Verhaltens vieler Teilchen dieser Masse. Der Impuls $p_e$ ist praktisch die kraftfreie stimulierende Information, die im System mit der Geschwindigkeit $c$ über das Kraftfeld verteilt wird, das alle Atome miteinander verbindet, damit alle Teilchen sich gleichartig verhalten. Infolge unseres analytischen Blicks haben wir den Zusammenhalt der Materie in Strukturen vergessen, den man früher mit dem Begriff Äther umschrieb. Aus der Biologie übernehme ich hierfür den Begriff *Stigmergie*[5]). Stigmergie bedeutet, anders

---

5   **Stigmergie** ist abgeleitet vom griechischen Wort στίγμα stigma, was bedeutet "zeichen" und ἔργον ergon mit der Bedeutung von "aktion" Es ist ein Konzept zur

als in der klassischen Mechanik ist kein Massenpunkt in seiner Bewegung unabhängig von seiner Umgebung. Diese Umgebung ist in Phasen unterteilt, sie ist fraktal.

Erst wenn die Geschwindigkeit des Impulses $p_e$ an einer Phasengrenze abgebremst wird, tritt dann quasi der Tsunamie-Effekt, die Wirkung $h$ auf. Mit dieser Erklärung ist der schizophrene Welle-Teilchen-Dualismus der Quantenmechanik aufgelöst.

Wie sich die Verteilung der elektromagnetischen Welle auf den Empfänger auswirkt, beschreibt $E \Rightarrow h \cdot v$.

Auch diese dissipative Energieform nennen wir *Entropie*, da sie sich in alle Richtungen verteilt. Den größten Effekt erzielt die Explosion einer Atombombe mit ihrem elektromagnetischen Puls, der in der Folge einen thermodynamischen Sturm auslöst. Der Energieträger ist die Masse der sie umgebenden Luftmoleküle und Atome, die letztendlich für die mechanischen Zerstörung verantwortlich sind. Die Geschwindigkeit der Verteilung des elektromagnetischen Pulses hängt von den elektromagnetischen Eigenschaften der Materie nach der Beziehung $c \Leftarrow \dfrac{1}{\sqrt{\varepsilon \cdot \mu}}$ ab.

Es ist äußerst bemerkenswert, dass in der modernen Physik die Symmetrie-brechende Thermodynamik bei ihrer mathematischen Handhabung völlig außer Acht gelassen wurde. In der Vergangenheit, wenn man Thermodynamik betrieb, tat man dies in einem geschlossenen System, aber nie in einem offenen System, das weit vom thermodynamischen Gleichgewicht entfernt war.

Abgesehen von der Thermodynamik ist die moderne Physik in eine Sackgasse geraten, wie Lee Smolin in seinem 2007 er-

---

Beschreibung einer indirekten Koordination durch die Umgebung.

schienenen Buch *The Trouble with Physics*[6]  feststellte. Nicht, dass es keine Versuche gegeben hätte, aus dieser Sackgasse herauszukommen, aber die Denkweise der Physiker blieb im alten Paradigma gefangen.

Angeregt durch Ilja Prigogines bahnbrechende Erkenntnisse auf dem Gebiet der „Nichtlinearen Thermodynamik" und der dissipativen Strukturen, wofür er 1977 den Nobelpreis für Chemie erhielt, beschäftigten sich nur ein paar Außenseiter mit Phänomenen der Strukturbildung in der Natur.  In den Neunzigern des vorigen Jahrhunderts erschienen dazu ein paar Bücher, die phänomenologisch diese Problematik beschrieben, wie beispielsweise *Grundprinzipien der Selbstorganisation*[7]  herausgegeben von Karl.W. Kratky im Jahr 1990 oder  *Chaos und Kosmos, Prinzipien der Evolution*[8]  von  Werner Ebeling und Rainer Feistel im Jahr 1994.  Wie sehr Physiker noch im Glauben an die göttliche Symmetrie der Welt verhaftet sind, lesen wir dort auf Seite 31 unter Prozesse der Strukturbildung:

> »*Im Sinne der Physik war unsere Welt am Beginn der Evolution, beim sogenannten Urknall, im Zustand höchster Symmetrie. Im Prozess der Evolution des Kosmos wurde die ursprüngliche Symmetrie immer mehr gebrochen, und es bilden sich immer neue Strukturen heraus.* «

---

6    L.Smolin -  *The Trouble with Physics https://www.amazon.de/Trouble-Physics-String-Theory-Science/dp/061891868X*

7    K.W. Kratky - *Grundprinzipien der Selbstorganisation;* https://www.amazon.de/Grundprinzipien-Selbstorganisation-Kratky/dp/3534109716

8    W. Ebeling & R. Feistel - *Chaos und Kosmos, Prinzipien der Evolution;* https://www.amazon.de/Chaos-Kosmos-Prinzipien-Werner-Ebeling/dp/386025310 7

und ein paar Sätze weiter lesen wir die Frage:

*»Wie konnte es geschehen, dass sich die heute beobachtete Komplexität aus dem anfänglichen Chaos entwickelt hat?«*

Daraus müssen wir den Schluss ziehen, dass der Autor das Chaos als den Anfangszustand mit höchster Symmetrie ausgestattet festlegt und er schlussfolgert weiter, dass das Chaos eine schöpferische Potenz in sich haben müsse. Aus dieser Schlussfolgerung leitet er die Theorie der *Selbstorganisation* ab, also den *Deus ex Machina,* ausgestattet mit Bewusstsein.
Wir wollen hier aber hinterfragen, was diese schöpferische Potenz physikalisch bedeutet. Auch wenn der Begriff Selbstorganisation oft im Zusammenhang mit dissipativen Strukturen zu finden ist, werde ich mich davon abgrenzen.

**Eine Organisation wird mit einem konkreten Ziel gegründet.**

Bezüglich eines organisierten Systems unterscheiden wir Selbst- und Fremdorganisation, wobei die Ziele konkurrieren können. Davon kann man in unbelebter Materie auf der Ebene der Teilchen nicht sprechen. Durch das Kraftfeld der elektrischen Ladung jedes einzelnen Teilchens ist die Masse der Atome miteinander verbunden, mehr aber auch nicht.

Heutzutage subsumiert man diese Themen unter dem Begriff *„Nichtlineare Physik“*. Unter diesem Stichwort wird allgemein die Erforschung dynamischer Vorgänge mit Rückkopplung verstanden, was etwas irreführend ist, denn die Begriffe *Elektrodynamik* und *Thermodynamik* gab es bereits in der klassischen Physik, bevor der Symmetrisierungswahn der modernen Physik ausbrach. Unter Nichtlinearität versteht man gewöhnlich Gleichungen höheren Grades. Es handelt sich jedoch um die Beschreibung dieser Phänomene mittels gekoppelter partieller Differenzialgleichungen, die Prozesse mit Rückkopplung beschreiben, wozu schon die Maxwellschen Gleichungen gehören. Gekoppelte partielle Differenzialgleichungen sind ziemlich unanschaulich, da die Dynamik mit statischen Mitteln beschrieben wird. Die heutige Beschreibung mittels Algorithmen und ihre grafische Simulation auf Computern ist da eine elegantere Variante. Die damalige Unanschaulichkeit dieser Gleichungssysteme war ein möglicher Grund, dass sich die Entwicklungswege der Physik zu Beginn des 20. Jahrhunderts schieden.

Während die Entwicklung der modernen Physik mit ihrer analytischen Separierung von Teilchen sich fortsetzte, wobei sie den Symmetrisierungsgedanken aus der klassischen Mechanik übernahm, besteht der wahre Mechanismus der Maxwellschen Gleichungen in der Beschreibung der elektromagnetischen Energiedissipation über ein System mit einander kraft-gekoppelter Teilchen als ein Kontinuum, was sich unter der Bezeichnung Fluiddynamik weiterentwickelte. Doch das wurde zu Beginn des 20. Jahrhunderts nicht erkannt. Es entwickelte sich ein regelrechter Kulturkampf zwischen den Partikularisten und den Kontinualisten, der sich am falsch interpretierten Äther-Experiment von Michelson und Morley unter dem Einfluss von Einstein zu Gunsten der Partikularisten entschied.[9]

---

9    J. DeMeo - *Dayton Millers Äther-Drift-Experimente: Ein neuer Blick* ;*
     http://mugglebibliothek.de/EU/index_htm_files/Miller-uebersetzung.pdf

# 1.1 Die Notwendigkeit eines neuen Mathematikverständnisses.

Mit diesem Kulturkampf in der Physik geriet aber auch die Mathematik in eine Krise. Ihr fehlte das geeignete mathematische Werkzeug zur Darstellung der Diskontinuität. Das mathematische Fundament der Physik ist die Infinitesimalrechnung, nämlich die Berechnung von stetigen Kurven durch Annäherung mittels Geradenstücken. Diese Geradenstücke werden unendlich verkleinert, bis  die Länge des Kurvenstücks einen festen Grenzwert erreicht.  Man nennt solche Kurven *rektifizierbar*. Zu meiner Studienzeit wurden wir Studenten in der Berechnung von Integralen und Differenzialen trainiert, bis wir an nichts anderes mehr denken konnten.  Das Problem bestand nun darin, Diskontinuitäten und diskrete Quantitäten mittels kontinuierlicher rektifizierbarer Kurven darzustellen. Das sollte nun die Frequenzanalyse von Wellenfunktionen realisieren, ein sperriges und unhandliches Mittel, wenn es sich um diskrete Teilchen handelt, zumal stabile Teilchen nicht mittels Überlagerung von Wellen darstellbar sind.

Es zeigte sich noch ein anderes Problem. Nicht alle natürlichen Kurven sind rektifizierbar. Es gibt sogenannte *Monsterkurven*, deren Annäherung durch Geradenstücke nicht zu einem Grenzwert konvergiert. Darauf werden wir bei der Analyse der Brownschen Bewegung noch eingehen.

Wie stellt man eine Dynamik mit den statischen Mitteln von Gleichungen dar? Natürlich mittels gekoppelter Differenzialgleichungen. Bei einem System gekoppelter Differenzialgleichung entfällt die Notwendigkeit der Rektifizierbarkeit. Das heißt, dass man Bruchstellen und Diskontinuitäten toleriert. Dafür tritt die Forderung nach *Skaleninvarianz* auf. Skaleninvarianz bedeutet, dass bei Verkleinerung  der Raumzellen sich ihre Eigenschaften trotz Bruchstelle nicht ändern. Man spricht dann von *Selbstähnlichkeit*. Was Skaleninvarianz bedeutet, kann man sehr gut an der Dynamik des Algorithmus der Mandelbrot-Menge studieren. Diese Menge ist der Zugang zur fraktalen Geometrie der Natur. Überhaupt sind Algorithmen besser geeignet, eine Dynamik darzustellen, da das Verhalten gekoppelter Differenzialgleichungen oft nicht vorhersehbar ist, wie das Conway-Spiel des Lebens beweist, worüber ich schon in meinem Buch *Moderne Astrophysik trifft auf Ingenieurwissenschaften*[10]) berichtete.  Das Conway-Spiel des Lebens wie auch andere dynamische Vorgänge eignen sich  am besten für eine Simulation an einem Computer, indem der Zustand jeder Raumzelle in Abhängigkeit von ihren Nachbarzellen berechnet und die erhaltenen  Ergebnisse laufend grafisch wie einen Film dargestellt werden. Durch Veränderung der Spielregeln kann man verschiedene dynamische Prozesse modellieren.

Mit Gleichungen kann man natürlich am besten Symmetrien beschreiben. Folglich haben sich Mathematiker mit wenig physikalischem Sachverstand die Welt als symmetrisch vorgestellt und so die Physik formalisiert. Doch Symmetrie und Dynamik sind einander ausschließende Denkansätze.  Symmetrie  ist  statisch.

Im vorliegenden Essay wird   das Hauptaugenmerk auf die Selbstähnlichkeit und die Skaleninvarianz der Natur gelegt. Wir

---

10   M. Hüfner – *Moderne Astrophysik trifft auf Ingenieurwissenschaften;*
     https://www.bod.de/buchshop/catalogsearch/result/?
     *q=Moderne+Astrophysik+trifft+auf+Ingenieurwissenschaften*

werden feststellen, dass die Methoden der Differential- und Integralrechnung bei der Skaleninvarianz an ihre Grenzen stoßen.

An dem Konzept der Symmetrie hält man in Physiker-Kreisen nun schon seit über 100 Jahren fest. Interessant ist jedoch eine Forderung, die Lee Smolin in seinem Buch *The Life of the Cosmos* schon 1997 aufstellte. Er schreibt dort unter dem Kapitel ‚*Light and Life*‘[11]):

> » *Aber die Physik muss einen Weg aufzeigen, was Leben ist und warum wir hier sind. Sie ist die ‚Wissenschaft von Allem‘, deren Aufgabe es ist, die Fakten und Gesetze aufzudecken, die universell anwendbar sind. Die Physik muss der Biologie zugrunde liegen und sie erklären, weil Lebewesen und alle Dinge im Universum aus Atomen gemacht sind, die den selben Gesetzen gehorchen wie andere Atome. «*

Davon ist die moderne Physik jedoch meilenweit entfernt, auch konnte Smolin sich nicht aus den überkommenen Denkstrukturen lösen. Sie waren als Dogmen in die Lehrbücher eingemeißelt und so blieb er ein Gefangener dieses alten Paradigmas. Als ich ihn einmal darauf anschrieb, antwortete er:

> *„Es steht so in den Lehrbüchern“.*

Besonders eklatant ist in der modernen Physik der Umgang mit Raumdimensionen, der seinen unrühmlichen Höhepunkt bei der Stringtheorie hatte. Noch heute wird die Zeit von den Relativisten als eine Raumdimension und damit als eine von der Bewegung unabhängige Größe angesehen.

---

11   L. Smolin – *The Live of the Cosmos;* https://www.amazon.de/Life-Cosmos-Lee-Smolin/dp/0195126645  p.25 unten

Jeder Mensch, der heute in der Welt herumgekommen ist, weiß, dass die Zeit vom Ort abhängt, doch die Relativisten beharren darauf, dass die Zeit unabhängig vom Ort wäre und ihr die Bedeutung einer Raumdimension zukäme.

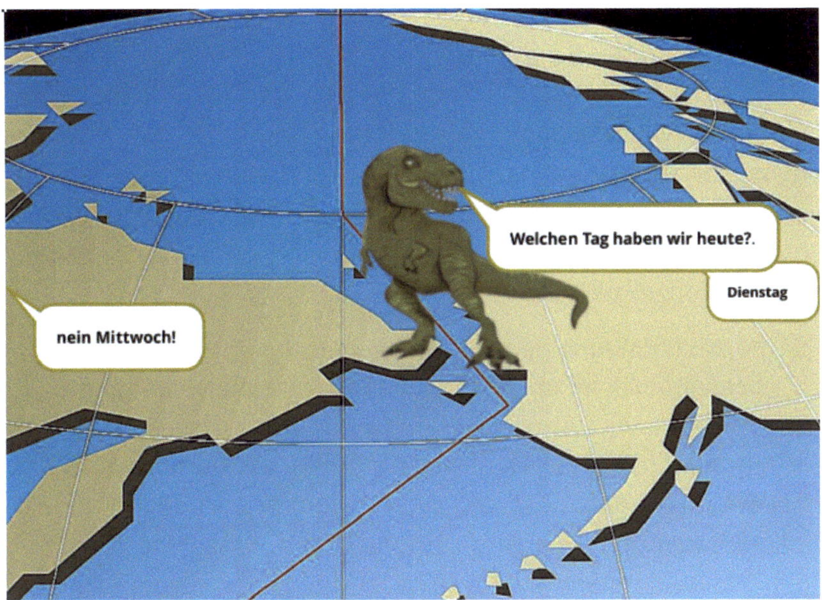


*Abb. 2: Relativität der Zeit*

Nach der Definition des Raumes würde das jedoch bedeuten, dass die Zeit auf dem Weg senkrecht stehen müsse. Ein Blick auf eine analoge Uhr dürfte ausreichen, jeden Zweifler davon zu überzeugen, dass Zeit und Weg von einander abhängig sind, sonst gäbe es keine Bewegung.  Im Urknallmodell wird die Zeit sogar als absolut angesehen. Zeit ist jedoch eine Relation zwischen zwei Bewegungen, wo die Bezugsgröße die Erdbewegung ist. Im Standardmodell gibt es noch gar keine Erdrotation als Bezugsgröße.

Natürlich beschreiben wir Ingenieure Erscheinungen in Raum und Zeit, aber das nennen wir einen *Prozess* und nicht eine vierdimensionale *Raumzeit*. In einem Prozess bleibt die Zeit vom Ort abhängig. Diesen Umstand drücken wir durch eine Zustandsbeschreibung aus, die an eine Szene und einen Zeitpunkt gebunden ist.

In den letzten einhundert Jahren hat sich die Mathematik gewaltig weiterentwickelt, doch die moderne Physik hat den Entwicklungsstand der Mathematik von vor einhundert Jahren konserviert. Für die Darstellung dynamischer Prozesse eignen sich Computer-Algorithmen, insbesondere wenn es sich um rückgekoppelte Prozesse handelt.

**Für die Beschreibung einer Dynamik sind Algorithmen wesentlich besser geeignet als gekoppelte Differenzialgleichungen.**

Für die algorithmische Denkweise ebnete der berühmte Mathematiker Alan Turing 1937 den Weg, indem er den Begriff der *Berechenbarkeit* mittels einer theoretischen Maschine erfasste. Doch die Widerstände der „reinen" Mathematiker gegen diese Denkweise waren groß. Ich kann mich noch entsinnen, dass diese Denkweise zu meiner Studienzeit als unrein empfunden bzw. verunglimpft wurde.

Heute hat jeder von uns eine praktische Maschine zur Verfügung, mittels der er (vorausgesetzt, er hat die nötige Qualifikation) dynamische Prozesse auf der Basis zweiwertiger Logik modellieren kann. Die Simulation kosmischer Dynamik ist erstmals Antony Peratt[12]) 1986 gelungen, als er das Verhalten zweier Io-

---

12   A L. Peratt - *Evolution of the Plasma Universe: II. The Formation of Systems of Galaxies;* IEEE TRANSACTIONS ON PLASMA SCIENCE, VOL.

nenströme (Birkelandströme) auf dem Computer simulierte und als Ergebnis eine Wirbelbewegung erhielt, die die Form einer Spiralgalaxie ausprägte.

## 1.2 Die zentrale Bedeutung der Asymmetrie der Thermodynamik

Unsere wichtigste bisherige physikalische Erkenntnis ist, dass Einsteins Energierelation unter dem Aspekt der Dynamik zu betrachten ist und dass die Lichtausbreitung keine Vorzugsrichtung hat, was zur Folge hat, dass Lichtimpulse in einem optischen Volumen in alle Richtungen verteilt werden, weshalb man der Lichtgeschwindigkeit keine Vektoreigenschaften zuweisen kann.

Nun haben wir gelernt, dass in einem geschlossenen System der zweite Hauptsatz der *Thermodynamik* gilt, dass die Entropieänderung dort stets positiv ist. Die Thermodynamik ist einerseits Ausdruck einer molekularen Mechanik und andererseits Ausdruck einer molekularen Elektrodynamik. Mit anderen Worten:

**Die Thermodynamik ist das zentrale Brückenelement zwischen Mechanik und Elektrodynamik, und unsere Welt ist folglich in ihrer Dynamik asymmetrisch.**

Nur wie soll in einem geschlossenem System eine Dynamik aufrecht erhalten bleiben, wenn alles einem Gleichgewicht zustrebt?

PS-14, NO. 6, DECEMBER 1986;
https://www.academia.edu/9156671/Evolution_of_the_Plasma_Universe_II_The_
Formation_of_Systems_of_Galaxies

Wenn ich aus einem Fluss einen Eimer Wasser schöpfe, kommt das Wasser im Eimer sofort zum Stillstand. In einem geschlossenen Gefäß kann ich keine Dynamik studieren.

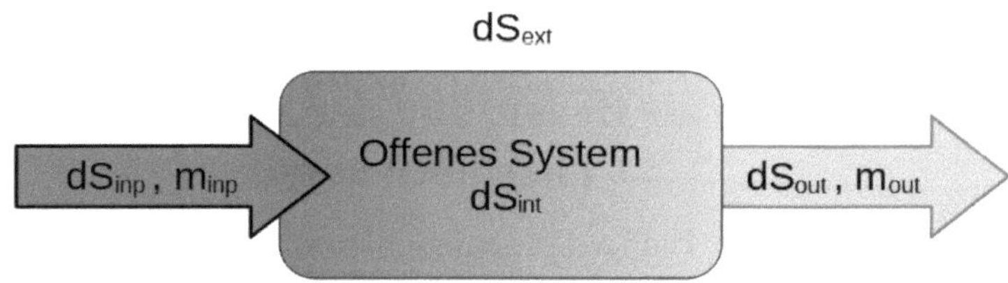


*Abb. 3: Es gibt keine absolut geschlossenen Systeme*

Innerhalb kurzer Zeit ist im geschlossenen System der Potential-ausgleich vollzogen und das System ist tot. Die Dynamik eines Flusses erfordert innerhalb eines Betrachtungsrahmen einen Zufluss und einen Abfluss, also ein offenes System. Ich verzichte hier auf die mengentheoretische Definition eines offenen Systems und begnüge mich mit seiner intuitiven Bedeutung.

Jedes reale System ist mehr oder weniger offen. Es hat einen Eingang und einen Ausgang für den Entropie- bzw. Massenaustausch mit seiner Umgebung. Ein geschlossenes System ist daher eine Idealisierung. Seine Systemgrenzen müssten absolut undurchlässig sein.

Das einfachste dieser offenen Systeme ist ein Frequenzumformer. Er erhält elektromagnetische Strahlung einer Eingangsfrequenz und gibt sie als elektromagnetische Strahlung einer Ausgangsfrequenz wieder ab. Das ist als Compton-Effekt bekannt und wurde erstmals bei Durchgang von Gammastrahlen durch Materie nachgewiesen. Es gibt keinen Grund zu der Annahme, dass energieärmere Strahlung nicht den gleichen Effekt zeigt. Jeder Atomverband stellt unabhängig von seiner inneren Struktur und Ladung so ein Frequenzumformer dar. Wird eine dichte Schicht Atome von Licht beschienen, wird ein Teil Lichts aus seinem Frequenzspektrum reflektiert, der Rest wird absorbiert, in mechanische Energie von Ladungsträgern umgewandelt und als thermische Strahlung abgegeben. Wir stellen eine Erwärmung der Atomschicht fest. Ein Atom nimmt Energie aus dem Nanowellenbereich auf und gerät in Resonanzschwingungen. Diese Resonanzschwingungen geben dann Strahlungen im Mikrowellenbereich wieder ab.  Auf dieser Grundlage basiert die Wärme-Kraft-Kopplung des Carnot-Prozesses und unsere industrielle Entwicklung in den letzten 200 Jahren, die Entwicklung eines offenen Systems einer Industriegesellschaft, das zunehmend mehr Entropie in Form von Wärme an die Umwelt abgibt, als diese kompensieren kann und sich wundert, das sie das Klima der Erde damit beeinflusst.

Unter der Maßgabe, dass die Energie erhalten bleibt, folgt nach Planck und dem Helmholzschen Satz von der Energieerhaltung

$$h_1 \cdot v_1 = h_2 \cdot v_2.$$

Wenn also eine kurzwellige Energie einstrahlt und eine langwellige Energie herauskommt, muss sich die Wirkung auf das Atom vergrößert haben und es in Bewegung gesetzt worden sein. Wir messen eine Temperaturerhöhung am Ort der Einstrahlung. Es gibt offensichtlich viele verschiedene Wirkungsquanten und nicht nur das Plancksche. Um sich ein Wirkungsquant vorzustellen, denke man an einen Schlagbohrhammer an der Wand, oder wie ein Brücke unter dem Gleichschritt eines darüber marschierenden Bataillon in Schwingungen gerät.

Nun hat Ilya Prigogine (Илья Романович Пригожин) ein paar Grundaussagen über das thermische Verhalten offener Systeme gemacht. In einem geschlossenen System wächst die Entropie, so wie die nutzbare Energie abnimmt. Der zweite Hauptsatz der Thermodynamik geschlossener Systeme sagt:

$$dS_{int}/dt \geq 0$$

oder salopp formuliert: In einem geschlossenen System kann die Unordnung nur zunehmen. Das typische Beispiel ist der Messie, ein Mensch, der in seiner Wohnung den Müll deponiert.

Der zweite Hauptsatz der Thermodynamik ist der Satz, der die Physiker immer wieder in starke Bedrängnis brachte, indem er die schöne Symmetrie brach, und nun stellt sich heraus, dass er auch noch unvollständig ist, da er nur für geschlossene Systeme gilt. Ilja Prigogine erweiterte in den Siebziger Jahren des vorigen Jahrhunderts die Gleichgewichtsthermodynamik auf eine Thermodynamik offener Systeme fernab vom thermodynamischen Gleichgewicht.

In einem offenen System gibt es kein statisches Gleichgewicht mehr, wohl aber einen stationären Zustand, bei dem die eingebrachte Entropie gleich der abgegebenen Entropie sein kann und die eingebrachte Masse auch gleich der abgegebenen Masse ist.

Was kann man nun über die Entropie in einem solchen System sagen? Die Entropieänderung eines offenen Systems ist die Summe aus der eingetragenen Entropieänderung und der internen Entropieänderung minus der abgegebenen Entropie. Die Differenz von eingetragener Entropieänderung und abgegebener

# 1 Der Energiefluss in offenen dissipativen Systemen

Entropieänderung fassen wir zur externen Entropieänderung zusammen. Dann können wir schreiben: (siehe Abb.3)

$$dS_{System} = dS_{inp} + dS_{int} - dS_{out} = dS_{ext} + dS_{int}$$

Dafür erhielt Ilya Prigogine 1977 den Nobelpreis für Chemie[13], denn er konnte damit erklären, warum offene Systeme sich selbst organisieren können, denn obwohl $dS_{int} \geq 0$ ist, ist $dS_{ext}$ beliebig. So kann man drei Fälle unterscheiden:

**1) Die Ordnung im System wird aufgebaut.**
Es wird mehr Entropie vom System abgeführt als intern erzeugt wird.
$$dS_{ext} < 0, \qquad |dS_{ext}| > dS_{int} \quad \rightarrow \quad dS_{system} < 0$$

**2) Es ist ein dynamisches Fließgleichgewicht erreicht.**
$$dS_{ext} < 0, \qquad |dS_{ext}| = dS_{int} \quad \rightarrow \quad dS_{system} = 0$$

**3) Die Ordnung im System zerfällt.**
Dafür gibt es einen inneren und einen äußeren Grund
a) Es wird weniger Entropie vom System abgeführt als intern erzeugt wird. $dS_{ext} < 0, |dS_{ext}| < dS_{int} \rightarrow dS_{system} > 0$
b) Die externe Entropie ist größer als die interne. Innere Entropie kann nicht abgeführt werden.
$$dS_{ext} > 0, \; dS_{ext} > dS_{int} \quad \rightarrow \quad dS_{system} > 0$$

---

13  I. Prigogine – *Time, Structure and Fluctuations;* Nobel Lecture, 8 December, 1977 ; https://www.nobelprize.org/uploads/2018/06/prigogine-lecture.pdf

Diese *Ordnung der Natur* ist nun keine neue Entdeckung, sie wurde von Prigogine nur neu formuliert. Man begegnet ihrer philosophischen Formulierung schon in den alten Veden[14]), sie wurde in das Samsara (Kreislauf des Lebens) des Hinduismus übernommen und im kosmischen Trimurti-Prinzip verankert, symbolisiert durch die Götter Brahman als Schöpfer, Vishnu als Erhalter und Shiva als Zerstörer. Im Christentum ist nur noch die Dreifaltigkeit eines katholisch-patriarchalen Monotheismus geblieben. Diese wurde aber ihrer ursprünglichen symbolischen Bedeutung beraubt und im Sinne absolutistischer Machtansprüche umgedeutet. Ausdruck eines veränderten Naturverständnisses ist auch die Enzyklika *Laudato si'* (169 - 181)[15]) über die Sorge um das gemeinsame Haus von Papst Franziskus, denn auch er musste anerkennen, dass der Klimawandel zur Kategorie 3a von Prigogines thermodynamischem Gesetz gehört.

Ich bin kein gläubiger Mensch, doch zolle ich einer so alten und so tiefen Weisheit Respekt, auch wenn sie im Gewand einer Religion daherkommt, denn es scheint, dass die Mehrheit der Menschen nur noch vor Dingen, die heilig erklärt worden sind, Respekt haben.
Ideologien und Religionen beschäftigen sich mit der belebten Natur bezogen auf den Menschen. Dass ein Lebewesen ein offenes System ist, was Nahrung aufnimmt, sie verdaut und wieder ausscheidet ist jedem Menschen verständlich. Doch auch ein auf dem Herd stehender Wassertopf, der zum Kochen gebracht wird, ist ein offenes System.

---

14   Veda = Wissen,  altindische mündliche Überlieferungen aus einer Zeit von  vor 3000 Jahren entstanden, die ab dem 5. Jahrhundert in Sanskrit gefasst wurden.
15   Enzyklika Laudato si' -
https://www.vatican.va/content/francesco/de/encyclicals/documents/papa-francesco_20150524_enciclica-laudato-si.html

Es gibt aber einen großen Unterschied zwischen dem belebten und dem unbelebten System. Das belebte System hat Organisationsziele, die im Überleben und der Reproduktion bestehen. Dem Wassertopf fehlt ein solches Ziel. Deshalb ist es falsch, bei unbelebten Systemen von Selbstorganisation zu sprechen. Trotzdem treten unbelebte Systeme mit der Umgebung stets in Entropie-Austausch, was die Physik geschlossener Systeme stets vernachlässigt hat. So hat sie es versäumt, rechtzeitig auf die Folgen einer extensiven Wirtschaft hinzuweisen.

**Unbelebte Materie organisiert sich nicht,**
**sie ist Fluktuationsprozessen ihrer Entropie unterworfen.**

Mein Anliegen ist es daher, der Thermodynamik den ihr gebührenden zentralen Platz in meinen weiteren Ausführungen einzuräumen, da sie auch für das Verständnis des Klimawandels infolge des Stoffwechsels unserer Industriegesellschaft unerlässlich ist.

Doch vorerst werfen wir einen Blick auf die Ideen, die die Physik als die Lehre von der Bewegung der unbelebten Materie so in Bedrängnis gebracht haben, weil sie die Bedeutung des menschlichen Geistes mit  seiner projektiven Sichtweise auf die Natur zum Götzen eines religiösen Wissenschaftskultes erhoben haben, was in der Wissenschaftsgeschichte beispiellos ist.

# 2 Der Sündenfall in der Physik

*»Wenn man widersprüchliche Beobachtungen ignoriert, kann man natür-
lich behaupten, eine "elegante" oder "robuste" Theorie zu haben.
Aber das ist keine Wissenschaft. «*
- Halton Arp

Seit I. Newton, L. Euler, J.L. Langrange, M. Hamilton, H. Poincaré, A. Einstein und P. Dirac wird Mechanik symmetrisch gedacht. Das sind eingeschliffene Denkmuster. *Mechanik* ist das
Erste, was in der Physikausbildung gelehrt wird. Es ist die Mechanik eines Massenpunktes, dessen Bewegung völlig unabhängig von seiner Umgebung ist. Newtons großartige Leistung bestand nun darin, die Kraft zu beschreiben, die  zwei Massenpunkte in großem Abstand aufeinander ausüben. Diese Massenanziehung erhielt den Namen Gravitation, abgeleitet vom lateini-
schen Wort *gravis* – schwer.   Sobald es sich aber um drei oder
gar einen Schwarm von Massenpunkte handelt, versagt Newtons
Gesetz der Schwere. Da Newton sein Gesetz aus den Keplerschen Gesetzen  der Bewegung der Planeten abgeleitet hat,  hat
niemand von den Astrophysikern jemals daran gedacht, dass die
Punktmechanik in einem größeren theoretischen Gebäude der
Fluiddynamik mit Abhängigkeiten von Strömungszellen untereinander integriert  sein könnte, obwohl die Drehwaage des Cavendish 100 Jahre nach Newton sowohl die Gravitationskonstante
als auch Coulombs elektrostatische Konstante zu messen ge-
stattete, einen Zusammenhang mit der Elektrodynamik schon
früh erahnen lies, wie schon Friedrich Zöllner 1882 über den itali-
enischen Physiker Ottaviano Fabrizio Mossotti[16]) berichtete.

---

16    „L'attraction universelle elle mê peut découler comme une déduction des principes qui règlent les forces
électriques." aus F. Zöllner - Erklärung der universellen Gravitation aus den statischen Wirkungen der
Elektrizität und die allgemeine Bedeutung des Weberschen Gesetzes Leipzig 1882 Commisionsverlag S.
XXVI

Das 19. Jahrhundert war geprägt von enormen experimentellen Fortschritten auf dem Gebiet der *Elektrodynamik*, die von M. Faraday, J.C. Maxwell, W. Weber, H. Helmholtz, W. Thomson und H. A. Lorentz, mit Ausnahme von Weber, fluide-dynamisch gedacht wurde und von Nicola Tesla zu großen technischen Errungenschaften geführt wurde.

1911 beendete die erste Solvay-Konferenz mit dem Thema "Theory of Radiation and Quantum" einen echten Kulturkampf zwischen einem fluide-elektrischen, vertreten durch H. A. Lorentz, und einem mechanistisch-atomistischen Weltbild, letzteres vertreten durch Theoretiker wie H. Poincaré, M. Planck und A. Einstein, bei dem letztere Theoretiker siegreich waren. Dazu haben wesentlich auch drei zu diesem Zeitpunkt als revolutionär geltende Arbeiten aus dem Jahr 1905 zu Problemen der Physik von dem damals erst 26-jährigen Patentingenieur Albert Einstein beigetragen, mit denen dieser die Ideen des damaligen Herausgebers der *Annalen der Physik* unterstützte, der kein geringerer als der bekannte und einflussreiche Max Planck war.

Albert Einstein festigte das mechanistisch-atomistische Weltbild mit seinem Aufsatz *Zur Theorie der Brownschen Bewegung,* indem er die chaotischen Zitterbewegungen kleiner Pollen in einer Flüssigkeit auf die Molekülschwingungen zurückführte. Insbesondere mit seiner Arbeit *Über einen die Erzeugung und Verwandlung des Lichtes betreffenden heuristischen Gesichtspunkt* unterstützte Einstein Plancks Idee vom *Wirkungsquantum* als Naturkonstante und damit die Entwicklung der Quantenmechanik. Dafür trug Planck zur Verbreitung der Relativitätstheorie bei, die Einstein in seinem Aufsatz *Zur Elektrodynamik bewegter Körper* entwickelt hatte. Diese Theorie legte den Streit zwischen dem geozentrischen und heliozentrischen Weltbild bei, indem sie die Bewegung für unabhängig von den Massen erklärte.

In der Folge setzte in den kommenden Jahrzehnten unter dem Einfluss der neu gegründeten päpstlichen Akademie der Wissenschaften mit ihrem Ziel, die Wissenschaft mit dem Glauben zu versöhnen, eine Entwicklung ein, die die damalige Mathematik vom Werkzeug zum beherrschenden Element in der Physik machte. So koppelte sich die Theoretische Physik immer stärker von den Naturwissenschaften ab und die Idee der Symmetrie in geschlossenen Systemen wurde gegenüber naturwissenschaftlichem Wissen immer bestimmender.

# 2.0 Etwas Logik

Um den Sündenfall der Physik zu verstehen, müssen wir uns vorerst etwas mit Logik beschäftigen. Das folgerichtige Denken ist uns Menschen angeboren. Im Laufe unserer Erziehung geht es oft mehr oder minder verloren, da wir im sozialen Umgang zu Zugeständnissen angehalten werden, um eine bestimmte soziale Position einnehmen zu können. Religionen und Ideologien unterdrücken die Logik und ersetzen sie durch Glauben.

Wir wissen, dass jede Ursache eine Wirkung nach sich zieht und wenn wir eine Sprache lernen, bilden wir Begriffe und ordnen ihnen Eigenschaften zu. So kommen wir zu Aussagen, die subjektiv bewertet werden, indem den Aussagen Wahrheitswerte wie etwa wahr oder falsch zuordnet werden. Bei der Bewertung einer Aussage treffen wir eine bewusste Entscheidung. Dabei kann uns ein Fehler unterlaufen. Wir sprechen dann von einem Irrtum. Wenn wir jedoch wider unseres Wissens eine falsche Aussage machen, ist das eine Lüge. Im Laufe unseres Lebens erfahren wir eine Ausbildung, in der uns viele Aussagen, die schon fremd bewertet wurden, übermittelt werden. Im Allgemeinen können wir diese Aussagen akzeptieren, doch bei einigen stoßen wir auf Widersprüche zu anderen Aussagen. Folglich kann nur eine der Aussagen wahr sein. Doch wie lösen wir so einen Widerspruch auf?

Aus der Antike ist eine Methode der Wahrheitsfindung bekannt, die als *Dialektik* bezeichnet wird. Lange hat man geglaubt, die Deduktion sei die einzig richtige Methode der Wahrheitsfindung, indem man von der Allgemeinheit auf das Spezielle schließt. Es wurden in der Vergangenheit eine Reihe mathematischer Bewertungssystem entwickelt.

Das System mit zweiwertiger Bewertung bezeichnen wir als Aussagelogik oder Boolsche Algebra. Es gibt prinzipiell viele Algebren, je nachdem, wie viele Bewertungswerte die Algebra zulässt. Beispielsweise kann man die Aussagelogik mit einem dritten Wert erweitern, indem man eine Aussage mit ungewiss bewertet. In der Genetik finden wir eine vierwertige Algebra zur Beschreibung der Erbanlagen.

Doch  am vertrautesten ist uns die zehnwertige Algebra mit unserem Dezimalsystem.  Diese Algebra wird in unseren Computern in die zweiwertige Algebra übersetzt.  Eine Algebra ist folglich ein Regelwerk, auf der einen Seite richtige **logische** Schlüsse zu ziehen und auf der anderen Seite rechnen zu können. Wenn man einen mathematischen Beweis führt, leitet man aus vorhandenen Aussagen neue Aussagen ab, die die zu beweisende Aussage bestätigen. Dieses Verfahren funktioniert nur innerhalb des gewählten geschlossenen Kalküls. Ob die Bewertungen der verwendeten Aussagen in der Beweiskette richtig sind, kann man mathematisch nicht entscheiden. Aber wenn man am Ende einen Widerspruch erzeugt hat, kann man sicher sein, dass mindestens eine der Aussagen in der Beweiskette falsch bewertet wurde.

Doch wie kommt man zu allgemeinen Aussagen? Dazu benötigt man den umgekehrten Schluss, indem man eine spezielle Aussage verallgemeinert. Diese Schlussweise nennt man *Induktion*. Sie ist für den Erkenntnisgewinn von Bedeutung. Das ist die Methode, die vom speziellen Fakt auf eine Verallgemeinerung schließt. Es handelt sich hier um den *Analogieschluss*. Das ist eine Schlussfolgerung aufgrund der *Ähnlichkeit* zwischen zwei Objekten nach dem Muster: A hat Ähnlichkeit mit B. B hat die Eigenschaft C. Also hat auch A die Eigenschaft C. Der Analogieschluss ist riskant und nur unter bestimmten Bedingungen zulässig. Beispielsweise will ich aus einem bekannten und zugänglichen (Modell)-System Rückschlüsse auf ein geplantes oder experimentell unzugängliches (Real)-System ziehen, das z.B. größer oder kleiner, schneller oder langsamer oder sich in anderen Merkmalen nur quantitativ vom bekannten System unterscheidet.


Diese Schlussweise ist für die abstrahierende Begriffsbildung von grundlegender Bedeutung. Mathematische Begriffe sind Ergebnis solcher Abstraktionen. Unter einem Begriff kann ich daher nur ähnliche Objekte zusammenfassen. Wir nennen das Verallgemeinerung. Eine Verallgemeinerung kann einen Begriff nur quantitativ erweitern. Eine qualitative Erweiterung sprengt den Rahmen eines Begriffes und führt zu einem Fehlschluss. Das soll ein Beispiel illustrieren: Für die Physik ist die Relation zwischen dem realen Volumen und seiner mathematischen Abbildung in einen Raum von grundlegender Bedeutung.

Ein mathematischer Raum $R(x1,…,x_n)$ ist als ein Tupel von unabhängigen Merkmalen definiert. In einem metrischen Raum sind diese $x_i$ Vektoren, deren Skalarprodukte zwischen den einzelnen Dimensionen verschwinden, was bedeutet, dass die Vektoren aufeinander senkrecht stehen, und in dem eine Abstandsfunktion existiert. Der Quantor für die Verallgemeinerung ist dabei $i = 1,…, n$, und wenn man ein konstantes Maß wählt sowie den Fußpunkt dieses Maßes festhält, beschreibt die Richtungsvariation dieser Abstandsfunktion eine Oberfläche mit konstanter Krümmung. Es gibt also einen qualitativen Unterschied zwischen einer Oberfläche und einem Raum, der durch das Merkmal Krümmung beide Begriffe voneinander scheidet.
Eine weitere Relation zwischen einer realen zyklischen Bewegung und ihrer Abbildung in den Begriff *Zeit* ist ein ebenso zentrales Anliegen der Physik. Doch auch hier gibt es seit dem 20. Jahrhundert ziemliche Verwirrung. Zeit ist immer als eine Anzahl von Bewegungszyklen zu verstehen, egal ob es sich um den Bewegungszyklus der Erde oder den Bewegungszyklus eines Elektrons im Cäsiumatom handelt. Zeit hat keine Richtungsvariation, wie etwa ein Abstand im Raum, der durch eine metrische Funktion beschrieben wird. Folglich kann ich einen metrischen Raum nicht durch ein Merkmal Zeit erweitern, da es sich bei der Zeit um eine andere Qualität handelt. Die Zeit wird nicht durch einen Vektor, sondern durch einen Skalar beschrieben. Wenn ich eine Geschwindigkeit ermittle, bestimme ich Abstände pro Bewe-

gungszyklen. Es gibt also eine funktionale Abhängigkeit zwischen Weg- und Zeitintervall über die Geschwindigkeit. Folglich taugt die Zeit nicht als ein Merkmal, um den metrischen Raum zu erweitern, denn dann müsste die Zeit auf dem Weg senkrecht stehen, oder anders ausgedrückt, die Metrik kann nicht gleichzeitig eine unabhängige Raumdimension sein. Eine derartige Schlussweise verstößt gegen die Regeln des Analogieschlusses.

Induktion und Deduktion bilden in ihrer gemeinsamen Wirkungsweise ein dialektisches Paar. Sie bedingen einander in der Überwindung von Widersprüchen. In diesem Sinn wollen wir auf die Dynamik der Materie sehen.
Schon Friedrich Engels wusste, dass die Haupteigenschaft der Materie ihre Dynamik ist, nur erfüllt nicht jede Bewegung schon die Anforderung an die Dialektik, was wahrscheinlich der Grund dafür war, warum Engels seine *Dialektik der Natur* nicht vollenden konnte, soweit man Kaan Kangals Analyse von Engels Dialektik folgen darf[17]).

Wir werden hier die Dynamik auf physikalischer Ebene diskutieren und das Zusammenspiel von Begriffsbildung und Aussagelogik in der Physik zur Überwindung von Widersprüchen in der Theorie.  Ob das eine Art dialektischen Denkens ist, mögen andere beurteilen.

---

17  K. Kangal - *Engels' Dialektik in der Dialektik der Natur;*
    *https://www.academia.edu/44052940/Engels_Dialektik_in_der_Dialektik_der_Nat*
    *ur*

# 2.1 Analyse der Arbeiten Einsteins unter der Prämisse der Energiedispersion in offenen Systemen

Wir wollen hier die drei die Physikwelt verändernden Themen von 1905, vom Charakter des Lichts, der Brownschen Bewegung und der Dynamik fester Körper noch einmal unter der Prämisse offener Entropie-durchströmter Systeme aufgreifen.

Dabei sind wir uns im Klaren, dass uns heute nach über einhundert Jahren ein viel größerer Wissensschatz über das Internet zur Verfügung steht, als es Einstein zu seiner Zeit über Bibliotheken in seiner Umgebung zur Verfügung stand. Folglich geht es nicht allein um eine Bewertung seiner persönlichen wissenschaftlichen Leistung, sondern immer auch um eine Bewertung des gesellschaftlichen Kontext, in dem seine Ideen standen und sie verbreitet und angenommen wurden.

Wir können nicht rekonstruieren, welches Wissen ihm persönlich wann zur Verfügung stand und wie er es bewertete. Nach seinem Lebenslauf zu urteilen, hatte er grundsätzliche Probleme mit Autoritäten, war ein Geist des Widerspruchs und mit wenig Sozialkompetenz ausgestattet, dafür hatte er offensichtlich eine suggestive Überzeugungskraft und traf auf ein bereitwilliges wundergläubiges Klientel.

# 2.2 Über Licht und  Masse

Einsteins Arbeit *Über einen die Erzeugung und Verwandlung des Lichtes betreffenden heuristischen Gesichtspunkt[18])*  brachte ihm den Nobelpreis ein, obwohl seine Erklärung des lichtelektrischen Effekts anfechtbar ist.  Um Einsteins Argumentation etwas zu illustrieren, hier ein paar Zitate aus dem Aufsatz. Er beginnt mit dem Satz:

> *»Zwischen den theoretischen Vorstellungen, die sich die Physiker über die Gase und ponderable Körper gebildet haben und der Maxwellschen Theorie der elektromagnetischen Prozesse im leeren Raum besteht ein tiefgreifender formaler Unterschied.«*

Einstein bediente hier den Kulturkampf zwischen einer analytischen und einer synthetischen Betrachtungsweise zu Beginn des 20. Jahrhunderts. Der Unterschied in der Betrachtungsweise liegt wesentlich in der Skalierung des Betrachtungsrahmens und ist nicht formal tiefgreifend. Die Maxwellsche Theorie ging nie, wie Einstein hier behauptet, von einem leeren Raum aus, sie setzte immer den Äther als Ausbreitungsmedium voraus. Noch 1902 sprach Lorentz in seiner Nobelrede vom Äther[19]).

> *»Über die wägbare Materie werde ich sehr wenig zu sagen haben, dafür aber umso mehr über den Äther und Elektronen.«*

Es handelt sich um eine Unterstellung seitens Einstein.

---


18   A. Einstein - *Über einen die Erzeugung und Verwandlung des Lichtes betreffenden heuristischen Gesichtspunkt;*  Annalen der Physik V. 322, 1905 , S.132-14
https://onlinelibrary.wiley.com/doi/10.1002/andp.19053220607

19   H.A. Lorentz - *The Theory of Electrons and the Propagation of Light;*
https://www.nobelprize.org/prizes/physics/1902/lorentz/lecture/

Alle Atome haben Nachbarn, auch wenn ihre Dichte im Vakuum noch so gering ist, und hängen über eine Impulskopplung miteinander zusammen. Impulse sind diskret, da sie nur kurzzeitig auf ein Ziel einwirken. Wenn sich ein Atom bewegt, hat das immer auch einen Einfluss auf seine unmittelbaren Nachbarn. Die Folge ist eine dynamische Struktur. Newton kannte bereits die Kraftkopplung zweier Massen über große Distanzen. Da die Impulskopplung mehrerer Körper mathematisch nicht beherrscht wurde, haben Mechaniker sie einfach außer Acht gelassen. Maxwell dagegen berief sich auf Descartes Wirbeltheorie, die Helmholtz später ausbaute und damit viele Wissenschaftler beeinflusste. Diese Impulskopplung kann man als einen Nachrichtenkanal ansehen. Es ist kein Zufall, dass die physikalische und die nachrichtentechnische Entropie die gleiche Definition haben. Und weiter unten lesen wir bei Einstein eben da:

> *» Die Energie eines ponderablen Körpers kann nicht in beliebig viele, beliebig kleine Teile zerfallen, während die Energie von einer punktförmig Lichtquelle ausgesandten Lichtstrahls nach der Maxwellschen Theorie auf ein stets wachsendes Volumen sich kontinuierlich verteilt.«*

Die Energie ist an einen ponderablen Träger gebunden. Wenn Einstein jedoch von der Energie einer Lichtquelle spricht, meint er hier ihre Intensität. Außerdem spricht er von einer punktförmigen Lichtquelle, die einen Lichtstrahl aussendet, obwohl ein Sender eine seiner Wellenlänge adäquate Ausdehnung haben muss und im Kosmos keine Lichtstrahlen zu sehen sind, was schon Wilhelm Olbert erstaunte. (Olberts Paradoxon) Das, was wir Lichtstrahl nennen, ist der kürzeste Abstand zwischen dem Emp-

fänger und dem Lichtsender.   Aus obigem Satz zieht Einstein
nun den Schluss:

> *»Es scheint mir nun … , dass die Energie des Lichtes diskontinuier-*
> *lich im Raum verteilt sei. … es besteht dieselbe aus einer endlichen*
> *Zahl von in Raumpunkten lokalisierten Energiequanten, welche sich*
> *bewegen und ohne sich zu teilen, als ganzes absorbiert oder erzeugt*
> *werden können.«*

Da er den Raum als leer ansieht, fehlen ihm die Übertragungs-
punkte für die Impulsweitergabe zwischen Lichtsender und Licht-
empfänger. So griff er auf Newtons Lichtpartikel zurück. Max
Planck konnte an seinem Empfänger, einem Spektrografen die
Gleichung $E = h \cdot v$ verifizieren und allgemein hält man Plancks
Konstante für eine Naturkonstante, auf der die Quantenmechanik
aufbaut.  Dabei ist seine Gleichung nicht auf Elektronen-Skalen
beschränkt und sie wirkt wieder dissipativ, was Einsteins Annahme von der Diskontinuität im Raum widerspricht.

Heutzutage hat jeder Heimwerker einen Bohrhammer im Haus,
der nach dem Prinzip der Impulsweitergabe arbeitet, dessen Wirkungsquantum man leicht berechnen kann, wenn man seine
Schlagfrequenz und den Energieverbrauch kennt.  Einstein käme
dann mit einem Sandstrahlgebläse daher, um in diesem Bilde zu
bleiben. Auch beobachtet jeder Heimwerker, dass die Wirkung
des Schlagbohrers erst hervortritt, wenn er auf die harte Wand
gesetzt wird. Das ist analog zum lichtelektrischen Effekt. Der tritt
auch erst am Phasenübergang zu einem dichteren Medium als
Folge der Geschwindigkeitsänderung der Wellenfront der Lichtwelle auf.

**Es gibt überhaupt keine Notwendigkeit,  Photonen als Teilchen in
die Physik einzuführen.**

Indem man die dissipative Energie des Senders gleich der Energie des Empfängers setzt, kann man sogar die  vermeintliche
Masse der Lichtteilchen bestimmen, was formal mathematisch

möglich wäre, aber vom physikalischen Standpunkt völliger Unsinn ist, da Impulse keine Teilchen sind. Doch das *Urknall-Modell* geht davon aus, dass aus dem Licht die Masse entstanden sei. Hier hat man gemäß *fiat lux* (1. Buch Mose) Ursache mit Wirkung vertauscht.

Der Begriff der *Masse* wird in der Teilchenphysik sinnentstellend angewendet. Dass Einstein in seinem Äquivalenzprinzip von der schweren und der trägen Masse spricht, belegt, dass man lange Masse und *Kraft* nicht klar auseinander halten konnte. Trägheit und Schwere haben etwas mit Kräften zu tun, die im Schwerefeld wirken. Massen dagegen sind „nicht abzählbare" Mengen. Sie sind unabhängig vom Schwerefeld. Man kann eine Ware nach Mengeneinheiten oder Masseneinheiten kaufen. Mengen werden gezählt und Massen werden mittels Balkenwaagen gewogen, wozu eine Eichmasse benötigt wird, um den Einfluss der Gravitationskraft auszuschließen. Ein Kilogramm bleibt auch auf dem Mond ein Kilogramm.

Kräfte werden von Ladungen erzeugt, aber ladungsneutrale Massen gibt es in der Natur nicht. Das liegt an der Asymmetrie des positiven Atomkerns und seiner negativen verschieblichen Elektronenhülle. Da man auf der Ebene von Elementarteilchen diese abzählen kann, wird der Begriff der Masse auf der Ebene der Atome überflüssig und kann durch die Ladungsmenge ersetzt werden.

Die entscheidende Eigenschaft der Elementarteilchen ist ihre Ladung und erst dann ihre Anzahl. Für die Abstrahlung von elektromagnetischen Wellen ist es ihre Geschwindigkeitsänderung, denn solange  beispielsweise Elektronen kräftefrei in der Atomhülle kreisen, werden keine elektromagnetischen Wellen abgestrahlt. Je größer die schwingenden Ladungseinheiten sind, desto größer ist auch die abgestrahlte Wellenlänge.

> Einen besonderen sinnlichen Eindruck hinterlässt das Spiel einer Orgel mit ihren verschieden großen Orgelpfeifen.  Hier gilt die einfache Regel, dass sich bei **Halbierung der Pfeifenlänge ein doppelt so hoher Ton**, d.h. ein Ton mit der doppelten Frequenz ergibt. Das bedeutet, dass die Pfeife, die eine Oktave höher zum tiefen C erklingt, nur noch die halbe Länge, also 4' (= 1,20 m) besitzt; die Pfeife der nächsten Oktave 2' (= 60 cm), und so weiter. Tatsächlich sind die Pfeifen aber noch etwas länger als die angegebene Fußzahl: Zur Länge der schwingenden Luftsäule kommt nämlich noch der unten spitz zulaufende Pfeifenfuß hinzu und eine Reserve  um in der Stimmung flexibel zu sein.

Die Beziehung von Masse und Kraft hat eine lange Geschichte. Dass durch Reibung polarisierte Oberflächen anziehende Kräfte aufeinander ausübt, entdeckte Thales von Milet erstmals an Bernstein um 600 v. Chr.. Da Bernstein im Griechischen *Ελεκτρον (Elektron)* heißt, wird der Effekt der Anziehung seit William Gilbert um 1600 als *Elektrizität* bezeichnet.

Wenn man für die Teilung materieller Körper Kräfte einsetzen muss,  kann man davon ausgehen, dass entgegengesetzte Kräfte für den Zusammenhalt von Körpern verantwortlich sind. Kräfte kann man entsprechend ihrer Definition nur nach Stärke und Richtung

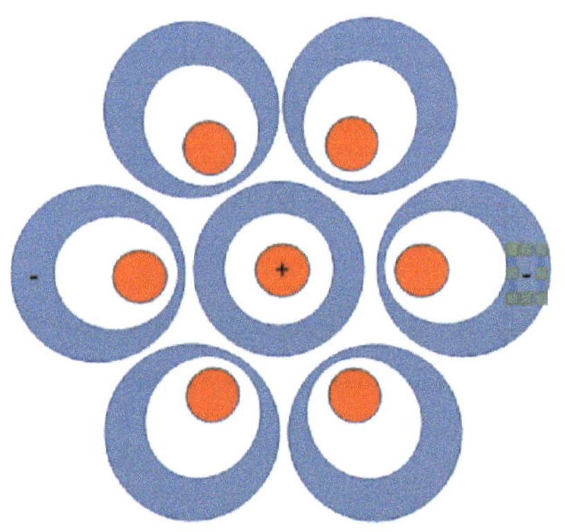

*Abb.4: Zur elektrischen Ursache der Gravitation*

unterscheiden. Trotzdem werden sie bis heute in den Lehrbüchern nach ihrer Herkunft in vier Arten unterschieden. Die Kräfte, die die Himmelskörper auf ihrer Bahn halten, werden als Gravitationskräfte bezeichnet, obwohl Coulombs Gesetz der Elektrostatik und Newtons Gesetz der Himmelsmechanik sich nur in einem Proportionalitätsfaktor unterscheiden. Inzwischen scheinen sich durch die Gliederung der Physik in verschiedene Lehrstühle, akademische Fürstentümer herausgebildet zu haben, die ihre Grenzen geschlossen halten und ihre Territorien mit allen Mitteln verteidigen.

Wenn jedoch Gravitationskräfte und elektrische Kräfte mit dem gleichen Messprinzip, nämlich mit der Torsionswaage nach Henry Cavendish gemessen werden, gibt es nur einen Unterschied im Betrag dieser Kräfte, nicht aber in ihrer Herkunft. Schon 1836 bezeichnete Fabrizio Mossotti die Gravitation als eine residuale Kraft der elektrischen Kraft.[20] Obwohl beide Kräfte den gleichen Ursprung haben, trennte Albert Einstein mit seiner Arbeit *Die Grundlage der allgemeinen Relativitätstheorie*[21] die Gravitation von der elektrischen Kraft und band sie an ein Raumzeit- Koordinatensystem.

> *»... denn man kann ein Gravitationsfeld durch bloße Änderung des Koordinatensystems „erzeugen".«*　　　　　eben da

---

20　*„L'attraction universelle elle mê peut découler comme une déduction des principes qui règlent les forces électriques."* aus F. Zöllner - Erklärung der universellen Gravitation aus den statischen Wirkungen der Elektrizität und die allgemeine Bedeutung des Weberschen Gesetzes  Leipzig 1882 Commisionsverlag S. XXVI

21　A. Einstein – *Die Grundlage der allgemeinen Relativitätstheorie;* Annalen der Physik V. 354, 1916 S.773;
https://onlinelibrary.wiley.com/doi/epdf/10.1002/andp.19163540702

Welch abenteuerlicher Unfug steckt in diesem Halbsatz, den Einstein in einem Brief 1917 an seinem Freund Paul Ehrenfest so kommentierte: *»Ich habe schon wieder was verbrochen in der Gravitationstheorie, was mich ein wenig in Gefahr setzt, in einem Tollhaus interniert zu werden.«*[22]) Aber die Vertreter eines geozentrischen Weltbildes konnten jubeln und ihn ein Genie nennen. Galileo Galilei wurde erst am 2. November 1992 durch die katholische Kirche formal rehabilitiert.

Heutzutage sollte jedem klar sein, dass die Kräfte zwischen Atomkern und Atomhülle  Kräfte zwischen positiver und negativer Ladungen sind.   Atomhülle und Atomkern scheinen einen neutralen Körper zu bilden. Doch durch die Verschiebbarkeit der Ladungen innerhalb eines äußeren Kraftfeldes entstehen Dipole. Das führt dazu, dass gleichartige Atome, aber auch Moleküle das Bestreben haben, sich zu größeren *massiven* Körpern (Aerosole)  zusammen zuschließen, wie Abb.4 zeigt.

Wir wollen die daraus resultieren Ladungen als gebundene Ladungen bezeichnen, weil sie sich nur innerhalb des Atoms verschieben können. Im Gegensatz dazu gibt es noch freie Ladungsträger an der Oberfläche eines homogenen massiven Körpers, indem sich dort geladene Ionen oder freie Elektronen anlagern können.

Die von freien Ladungen resultierenden Kräfte können im Gegensatz zu den geringen Kräften von gebundenen Ladungen durch entgegengesetzte Ladungen abgeschirmt werden. Wir verwenden hier den Begriff massiv bzw. Masse, weil wir über die Anzahl der sich infolge der Stigmergie zu Aerosolen oder Festkörpern zusammenschließenden Atomen und Molekülen und ihren resultierenden Ladungen keine Information haben.

22   https://beruhmte-zitate.de/zitate/127169-albert-einstein-ich-habe-schon-wieder-was-verbrochen-in-der-gravit/

Wir haben also zwei verschiedene Ladungstypen. Einerseits haben wir die im Atomkern gebundene Ladung, die Atome im äußeren Feld als Dipole erscheinen lässt, und zum anderen haben wir freie Ladungen auf der Oberfläche von Festkörpern oder in Flüssigkeiten und Gasen, wenn Atome ionisiert werden, also Elektronen aus der Atomhülle entfernt werden. Das Entfernen und das Hinzufügen von Oberflächenladung hat natürlich Einfluss auf den Energieinhalt der Aerosole.

Von Aerosols sprechen wir bei Teilchengrößen von Nanometern bis Mikrometern, also Teilchendurchmessern, die zwei bis sechs Zehnerpotenzen über den Atomdurchmessern liegen. Das sind dann in der Regel Teilchen in der Größenordnung von Hunderttausenden bis zu Billionen Atomen im Verband. Diese Verbände haben eine gewöhnlich negativ geladene Oberfläche, die sie im negativ geladenen Erdfeld schweben lassen und gleichzeitig Kondensationskeime für Wolken bilden. Leider weiß man immer noch wenig über die Wirkung von Massen in dieser Größenordnung.

Nun können wir auch die Frage beantworten, ob Licht von Gravitationskräften abgelenkt werden kann. Licht ist, wie wir festgestellt haben, kein massives Teilchen sondern ein Impuls, der sich kraftfrei in einem homogenen Medium mit konstanter Geschwindigkeit nach allen Richtung ausbreitet. Solange die Geschwindigkeit nicht durch eine Verdichtung des Ausbreitungsmediums abgebremst wird, gibt es keine Möglichkeit, diesen Impuls abzulen-

ken, da es sich um Entropie, also Information in einem störungs-
freien Informationskanal handelt.

Noch heute meinen die Vertreter einer modernen Physik, dass
Symmetrie, ausgedrückt durch die umkehrbare Eindeutigkeit von
Gleichungen, die Haupteigenschaft der Materie wäre, dass Energie und Masse auf Grund der Einsteinschen Energie-Masse-Be-
ziehung $E \Rightarrow m \cdot c^2$ oder besser $E_S \Rightarrow p_c \cdot c$ ineinander um-
wandelbar wären und dass die Masse mit zunehmender Ge-
schwindigkeit kontinuierlich wachsen würde. In Wahrheit handelt
es sich hierbei jedoch um einen Impuls, der sich mit Lichtgeschwindigkeit im Raum ausbreitet und einen strukturellen Ener-
gie-Zustand beschreibt. Tatsächlich kann man zeigen, dass
wenn man in der obigen Beziehung die Masse *m* durch *p/v* formal ersetzt und ein paar mathematische Operationen vornimmt,
die Form

$$E \Rightarrow \frac{E_0}{\sqrt{1-\frac{v^2}{c^2}}} \quad \text{erhält und daraus folgt dann} \quad m \Rightarrow \frac{m_0}{\sqrt{1-\frac{v^2}{c^2}}}.$$

Doch da tritt ein Problem auf. Worauf bezieht sich *m = p/v*. Ist
diese Beziehung überhaupt zulässig? Sie kommt aus der exak-
ten Form $\vec{p} \Rightarrow m \cdot \vec{v}$. Eine Vektordivision jedoch ist gar nicht
definiert und so ist die Ableitung obiger Relationen ein **faux pas**
ebenso wie die Verwendung der Zeit als einen unabhängigen
Vektor in einem vierdimensionalen Bezugssystem.

Da der Impuls eine Erhaltungsgröße ist, wird eine Masse durch
eine spaltende Kraft in mindestens zwei Körper getrennt, z.B. in

Elektron und Proton (Raketenprinzip). Bleibt der eine Körper in Ruhe, bedeutet das aber nicht, dass die Masse des beschleunigten Körpers zunimmt. Das sagt das *Äquivalenzprinzip*, denn die träge Masse ist gleich der schweren Masse. Wenn man zwischen schwerer und träger Masse unterscheidet, hat das nichts mit der Masse selbst zu tun, sondern mit den Kräften, die an dem massiven Körper angreifen. Das bedeutet, dass je größer die bewegte scheinbare Masse eines Körpers ist, desto größer ist die verlorene Energie, entsprechend der gerichteten Relation, die an die Umgebung verteilt wird und nicht, dass ein sich mit nahezu Lichtgeschwindigkeit bewegender geladener Körper zusätzliche Masse bekäme.

Könnten aus einem Elektron zwei oder mehr Elektronen werden? Nein, die Ursache ist der Widerstand, den das elektromagnetische Feld zwischen den Atomen der Bewegung des geladenen Körpers entgegensetzt, denn Wilhelm Weber hat bereits im 19. Jahrhundert den Zusammenhang zwischen der Lichtgeschwindigkeit und den elektromagnetischen Eigenschaften der Materie entdeckt.

Wenn eine Masse von Atomen beschleunigt wird, dann bewegen sich stets unzählbare Ladungen mit. Diese Ladungen induzieren ein Magnetfeld, das) der Bewegung eine Widerstandskraft entgegensetzt. Dieser Mechanismus wird als virtueller Massenzuwachs registriert, obwohl die Masse der Atome konstant bleibt. Dass der virtuelle Massenzuwachs tatsächlich dem entstehenden Magnetfeld bei der Bewegung von Ladungen geschuldet ist, hat Paul Marmet mit einer sorgfältigen Rechnung nachgewiesen.[23])

## 2.3 Die Brownsche Bewegung

Der zweite Aufsatz Einsteins aus dem Jahr 1905 *Über die von der molekularkinetischen Theorie der Wärme geforderte Bewegung  von in ruhenden Flüssigkeiten suspendierten Teilchen,*[24]) der zur damaligen Zeit Furore gemacht hat, war der über die Brownsche Bewegung.  Einstein hat sie als ein Ergebnis der inneren Energie der Moleküle beschrieben, was bis heute allgemein akzeptiert wird, weil er damit einige der Eigenschaften dieser Bewegungen scheinbar erklären konnte. Doch diese Erklärung hält einer kritischen Betrachtung nicht stand.

Wir haben oben darüber berichtet, dass Einsteins berühmteste Gleichung $E = m·c^2$ unter thermodynamischem Aspekt keine Gleichung im mathematischen Sinn ist, sondern eine gerichtete Relation $\Rightarrow$ ist, die die Verteilung der elektromagnetischen Energie auf die Masse mit Lichtgeschwindigkeit beschreibt. Unter diesem Aspekt wollen wir nun die Brownsche Bewegung mikroskopisch kleiner Teilchen in Flüssigkeiten und Gasen betrachten.


Als erster hat der schottische  Botaniker Robert Brown im Jahr 1827 die merkwürdigen  Bewegungen von Blütenpollen in Wasser beschrieben, als er sie unter dem Mikroskop betrachtete. Er schrieb sie der Lebenskraft dieser Pollenkörner zu. Erst 1905 nahm sich Albert Einstein dieses Phänomens wieder an. Der Le-

---


23  P. Marmet - *Fundamental Nature of Relativistic Mass and Magnetic Fields*;
    https://www.newtonphysics.on.ca/magnetic/index.html

24  A. Einstein -  *Über die von der molekularkinetischen Theorie der Wärme
    geforderte Bewegung  von in ruhenden Flüssigkeiten suspendierten Teilchen;*
    Annalen der Physik 1905 V.322 S.549-560

ser kann sich denken, dass Einstein auch hier entsprechend der damaligen Auffassung das Phänomen unter Gleichgewichtsbedingungen betrachtete.

Nach ihm bezeichnet man diese Bewegung fälschlicherweise auch als Brownsche Molekularbewegung, obwohl die Masse der Wassermoleküle gegenüber den beobachteten Pollenkörnern um etwa 20 Größenordnungen kleiner ist. Wir wissen heute dass ein Wassermolekül knapp $3\times10^{-23}$ g wiegt und ein Pollenkorn finden wir in der Größenordnung von $3\times10^{-3}$ g.

Vergleicht man ein Pollenkorn mit dem heute größten Containerschiff, so ist ihr Massenunterschied geradezu 14 Größenordnungen. Man müsste also eine Million  von diesen 400 m langen Containerschiffen mit einem Pollenkorn vergleichen. Diese würden aneinander gereiht eine Kette ergeben, die einhundert mal den Äquator umrundet.

Einsteins aus heutiger Sicht sehr unbefriedigende Erklärung ist, dass die im Mikroskop sichtbaren Verschiebungen von Teilchen dadurch bewirkt werde, dass die Moleküle aufgrund des osmotischen Drucks und ihrer ungeordneten Wärmebewegung ständig und aus allen Richtungen in großer Zahl gegen die Teilchen stoßen und dabei rein zufällig mal die eine

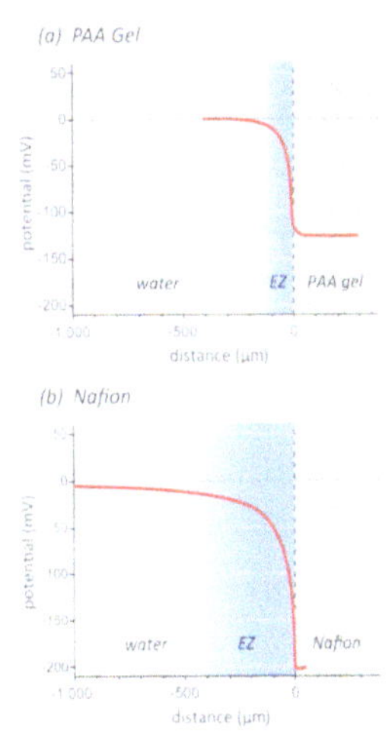

*Fig.5: Elektrisches Potential in der Sperrzone -*
*Quelle: G. Pollack*

Richtung, mal die andere Richtung stärker zum Tragen komme. Das dürfte selbst den größten Einsteinverehrer ins Grübeln bringen. Dafür müssen wirklich größere Strukturen verantwortlich sein.

Die mittels Infinitesimalrechnung von Einstein abgeleitete Formel täuscht eine Exaktheit vor, die ihr nicht innewohnt, da die Bewegung der Körner keiner rektifizierbaren Bewegungskurve folgen. Hier versagt die herkömmliche Mathematik, wie sie Newton für die Mechanik entworfen hat. Die Bewegungskurve ist zerbrochen in eine Menge von unregelmäßigen Teilstücken. Eine solche Kurve ist nicht mehr differenzierbar. Benoît Mandelbrot führte für solche Kurven den Begriff *Fraktal* ein und öffnete damit das Fachgebiet der fraktalen Geometrie. Damit werden wir uns noch unter Kapitel 3 beschäftigen.

Doch zurück zur Brownschen Bewegung: Sie wäre von der Diffusionskonstante und damit im Wesentlichen von der Temperatur der umgebenden Flüssigkeit abhängig. Nur sind die Bewegungsänderungen eben nicht konstant. Da die Temperatur im Makrobereich im Gleichgewicht mit der Umgebung ist und auch im Mikrobereich um ein Pollenkorn keinen Unterschied aufweist, bleibt die Bewegung dennoch rätselhaft, zumal einige Eigenschaften unerklärt bleiben. Merkwürdigerweise wird Einsteins Erklärung trotzdem von der Wissenschaft bis heute akzeptiert.

Eine ganz andere Erklärung für die Brownsche Bewegung fand jedoch Gerald Pollack[25]), einer der bedeutendsten Forscher auf

---

25  G. Pollack – *The Fourth Phase of Water:  Beyond Solid, Liquid, and Vapor;*
    https://www.amazon.de/Fourth-Phase-Water-Beyond-Liquid/dp/096268953X

dem Wissensgebiet Wasser. Wenn man in ein Glas Wasser hinein schaut, sieht Wasser überall gleich aus und trotzdem ändert sich die Struktur von Wassermolekülen in der Nähe von Oberflächen anderer Stoffe grundlegend. Als er in den Neunzigern des vorigen Jahrhunderts mit Mikrokugeln in Wasser experimentierte und deren Verteilung beobachtete, bemerkte er nach einiger Zeit an Grenzflächen zu festen Körpern die Ausbildung von Zonen, aus denen sich die Mikrokugeln zurückzogen.

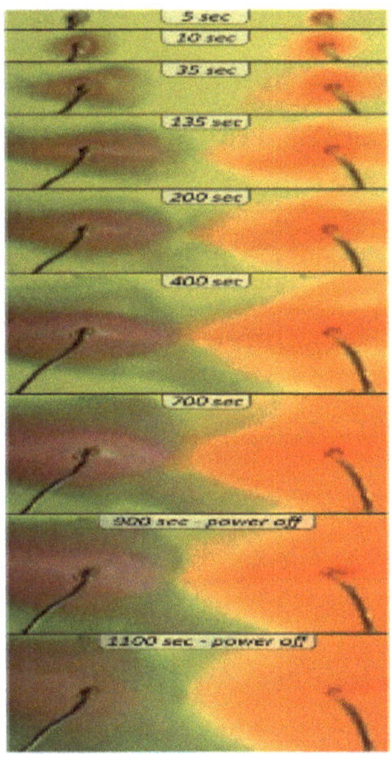


*Abb.6: Ladungsverteilung in Wasser mit pH-sensitivem Farbstoff sichtbar gemacht - Quelle: G. Pollack*

Diese Zonen nannte er *exclusion zone* kurz *EZ*. Seine jahrelangen Studien haben die Gewissheit gebracht, dass die beobachteten Ausschlusszonen oder Sperrzonen nicht trivial erklärt werden konnten. Messungen in der Nähe von Gels in Wasser ergaben, dass die Sperrzone negativ geladen war. Folglich muss es außerhalb von dieser Sperrzone positiv geladene Bereiche geben. Anscheinend wandern durch das Wasser unsichtbare Ströme...

An heißen Sommertagen erwarten wir gegen Abend, wenn sich die Wolken aufgetürmt haben, ein ordentliches Gewitter mit Blitz und Donner. Jedem Kind wird beigebracht, dass Blitze gefährliche elektrische Entladungen zwischen den Wolken und der Erde sind, aber auch zwischen den Wolken selbst.

Folglich müssen Wolken wie Batterien Elektrizität speichern können. Nun weiß jeder, dass in eine Autobatterie Säure gehört. Zwischen einer Autobatterie und einer Wolke besteht vor allem der Unterschied in der Größe, was sich auf die Ladungsdichte auswirkt. Aber dass selbst in einem Wasserglas kein Ladungsausgleich vorhanden ist, mag vielleicht Erstaunen hervorrufen.

Wenn wir in Wasser zwei Elektroden bringen, können wir das Wassermolekül in ein positives H-Ion (Proton) und eine negative OH-Gruppe spalten. Das sollte aus dem Chemieunterricht noch hängen geblieben sein. Ich habe als Junge viel mit Elektrizität experimentiert. Dazu benutzte ich 4,5-V-Flachbatterien und ich prüfte ihre Spannung mangels eines Voltmeters mit der Zunge. Wenn die Batterie noch brauchbar war, schmeckte eine Elektrode ordentlich sauer. Für den sauren Geschmack sind also die Protonen verantwortlich. Nun gibt es bessere Säure-Sensoren als die Geschmacksprobe. Dazu hat sich die Lackmustinktur bestens bewährt. In Abhängigkeit vom pH-Wert (dem pondus hydrogenii) verfärbt sich die Tinktur. Den pH-Wert kann man dann an einer geeichten Farbskala ablesen.

Dabei zeigt sich saures Wasser an einer tendenziellen Rotfärbung und basisches Wasser an einer tendenziellen Blaufärbung. Der Säuregrad ist nun abhängig von der Anzahl der im Wasser vorkommenden freien Protonen und der basische Charakter des Wassers wird bestimmt durch den Anteil freier negativ geladener Molekülgruppen. Gibt man solche Farbstoffe in Wasser, kann man die mikro-fluiden Eigenschaften des Wassers aufklären.

Abb.6 zeigt zur Verdeutlichung der Wirkungsweise von pH-sensitiven Farbstoffen den zeitlichen Verlauf der Ladungsverteilung in Wasser zwischen zwei stromführenden Elektroden, rechts die Kathode, um die sich die Protonen, durch die Rotfärbung indiziert, sammeln, und links die Anode. Innerhalb von 11,6 Minuten bildet sich um die Elektroden jeweils ein positives und ein negatives Feld aus, was auch, nachdem der Strom abgeschaltet ist, noch erhalten bleibt.

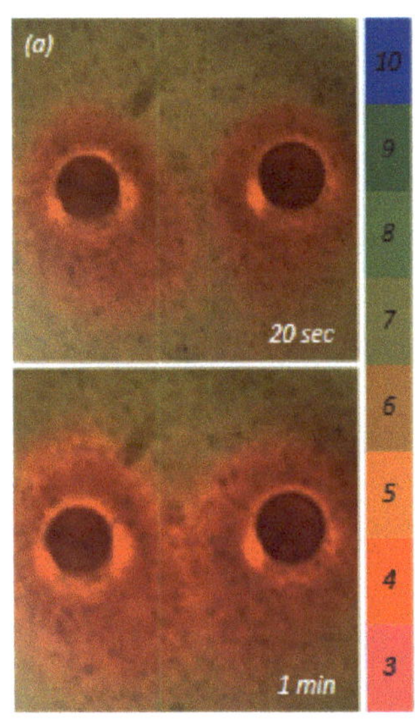

*Abb.7: Zwei Mikrokugeln mit ihrer Sperrzone - Quelle: G.Pollack*

Einsteins Formel für die Brownsche Bewegung geht von einem Gleichgewichtszustand aus und das Zittern der Moleküle sei auf eine innere freie Energie zurückzuführen. Solange die Temperatur konstant bleibt, sollte das System weder Energie erhalten noch verlieren. Jedoch sollte ein Glas mit warmen Wasser Energie an die Umgebung abgeben und ein Glas mit kaltem Wasser sollte Energie aufnehmen. Wenn das Glas eine Weile im Raum steht, sollte die Temperatur ausgeglichen sein, so die klassische Theorie. Aber Wasser absorbiert, solange die Sonne am Himmel steht, ständig elektromagnetische Energie also Entropie aus der Umgebung. Die absorbierte Lichtenergie bringen ein wässriges System ladungsmäßig aus dem Gleichgewicht. Die eingestrahlte Frequenz hat eine ordnende Wirkung auf die Ladungsträger indem sie Protonen abspaltet und konzentriert. Das bedeutet aber, es wird mehr Entropie vom System abgeführt als intern erzeugt wird.

In unzähligen Versuchen hat Pollack mit seinem Team herausgefunden, dass Wassermoleküle an Phasengrenzen zu hydrophilen Stoffen sich unter dem Einfluss von Licht zu Schichten von *Polywasser* formieren. Dabei bildet der Wasserstoff Brücken zu den Sauerstoffatomen, so dass ein Sauerstoffatom stets von drei Wasserstoffatomen umgeben ist. So entsteht ein flüssiger Kristall mit einer hexagonalen Struktur, die man auch bei Schneekristallen findet. Das Wasser hat dort nur die Möglichkeit, sich als eine Schicht Polywasser gegen eine andere zu verschieben. Bei dieses Bildungsprozess werden überzählige Protonen wie auch Fremdkörper nach außen verschoben, wie an Abb.7 zu erkennen ist. Der pH-Wert  ändert sich von  5 nach 4 und wir erhalten einen Hof von EZ-Wasser um die Mikrokugel.

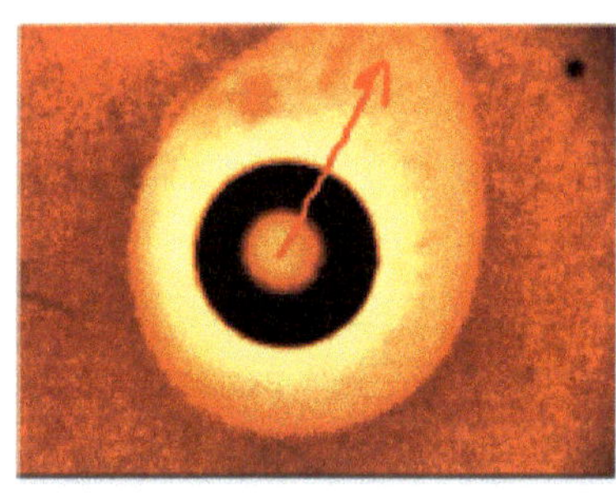

*Abb.8: Mikrokugel mit Sperrzone von EZ-Wasser, Licht kommt von oben rechts und die Bewegung geht in diese Richtung - Quelle: G. Pollack*

Diese Sperrzonen haben zwei prinzipielle Eigenschaften: Ladungstrennung und Ordnung der Moleküle. Dabei wird Entropie an die Umgebung abgegeben. Die überflüssigen Protonen werden aus der Sperrzone entfernt. So vergrößert sich die Ladungsdichte vor der Sperrzone, was an der intensiveren Rotfärbung erkennbar ist. Ladungen erzeugen partiell Kräfte untereinander.

64

So werden andere Pollenkörner mit ihren Sperrzonen auf Abstand gehalten.

Wenn die Energie von allen Seiten gleichmäßig auf ein Pollenkorn einströmt, sollte die Sperrzone konzentrisch sein. Praktisch ist das jedoch nicht zu erreichen, wie das nach einer Minute schon zu sehen ist. So wird es immer eine resultierende Kraftrichtung geben und die Mikrokugel wird sich entsprechend bewegen, was natürlich ebenfalls Bewegung in der Nachbarschaft auslösen wird. Ändert sich nun der Lichteinfall von diffus auf gerichtet, wie Abb.8 an einer Mikrokugel mit einem Durchmesser von 0,5mm mit ihrer Sperrzone bei  zusätzlichem Lichteinfall von rechts oben zeigt, verbreitert sich die Sperrzone an der Seite des Lichteinfalls signifikant und überflüssige Protonen werden ausgestoßen. Dadurch setzt sich die Mikrokugel samt Sperrzone in Richtung höherer positiver Ladungsdichte in Bewegung.

Sind nun mehrere Teilchen beteiligt, wird die Bewegung komplex, da sich die Ausschlusszonen gegenseitig beeinflussen und durch die Bewegung die regionale Ladungsverteilung ständig geändert wird.  Es sind also nicht die einzelnen Wassermoleküle, die die Bewegung hervorrufen, sondern die Wirkungen der Sperrzonen um die Pollenkörner, die verhindern, dass sich die Pollenkörner zu nahe kommen.

Was können wir nun daraus lernen? Betrachten wir die chemische Reaktion der Photosynthese an Pflanzen.

$$6\,CO_2 + 12\,H_2O + Licht \rightarrow C_6H_{12}O_6 + 6\,O_2 + 6\,H_2O$$

und das Verhalten des Wassers in der Nähe einer benetzten Oberfläche, so können wir feststellen, dass wir ein offenes wässriges System haben, in dessen Eingang Energie in Form elektromagnetischer Strahlung einströmt, die im System eine Ordnung unter Abgabe von Entropie aufbaut. Das ist genau die Thermodynamik in offenen Systemen, die bereits Ilja Prigogine beschrieben hat, die zu dissipativen Strukturen führt, und tatsächlich konnte Gerald Pollack nachweisen, dass das Wasser der Sperrzonen einen flüssigen Kristall unter Entropieabgabe bildet.

Obwohl sich der junge Einstein auch intensiv mit Thermodynamik beschäftigt hat, und schon 1903 einen Aufsatz mit dem Titel *Eine Theorie der Grundlagen der Thermodynamik*[26]) vorlegte, kam er über die Ableitung des zweiten Hauptsatzes in Gleichgewichtssystemen nicht hinaus, was für einen jungen Mann durchaus verständlich ist, wenn man ihn nicht als das vorausdenkende Genie betrachtet, zu dem er gemacht wurde.

## 2.4 Zu Einsteins Elektrodynamik bewegter Körper

Die Überschrift seines spektakulärsten Aufsatzes von 1905 müsste eigentlich Elektrodynamik fester Körper heißen, denn die Elektrodynamik ist die Lehre vom Einfluss der elektrischen Kräfte auf die Bewegungsvorgänge von Körpern. Es käme heute wohl niemand in den Sinn zu glauben, es gäbe auch eine Dynamik ruhender Körper.

Das hängt mit Einsteins sonderbarem Verständnis eines Inertialsystems zusammen. Unter einem Inertialsystem (lateinisch iners =

---

26   A. Einstein – *Eine Theorie der Grundlagen der Thermodynamik;*
     https://onlinelibrary.wiley.com/doi/abs/10.1002/andp.19033160510

untätig, träge) versteht Einstein  ein Bezugssystem, in dem ein kräftefreier Körper in Ruhe verharrt oder sich geradlinig-gleichförmig, also unbeschleunigt bewegt.

Nach Newton benötigt ein Inertialsystem eine große Masse in relativer Ruhe als Bezug. Wenn also sich eine Probemasse in einem Inertialsystem kräftefrei bewegen soll, muss die Anziehungskraft mit der Fliehkraft im Gleichgewicht sein. Das bedeutet aber, wie jeder Astronaut festgestellt hat, dass der Probekörper sich auf einer Kreisbahn um das Massezentrum beispielsweise die Erde bewegt. Eine geradlinig-gleichförmige Bewegung ist dann aber in jedem Fall eine beschleunigte Bewegung, denn sie muss die Anziehungskraft der zentralen Masse überwinden.

Wenn Albert Einstein dem Wunsch seines Vaters nachgekommen wäre  und  Elektrotechnik studiert hätte, um dann in die Firma „Elektrotechnische Fabrik J. Einstein & Cie" eintreten zu können,  statt sich an der eidgenössisch polytechnischen Schule in Zürich zu bewerben, wäre er in seinen wichtigsten Aufsätzen zehn Jahre später wahrscheinlich zu ganz anderen Schlussfolgerungen gelangt.  So könnte man diese Arbeit auch als Opposition gegen seinen Vater verstehen, da sie von seinem völligen Unverständnis der Dynamik zeugt.  Dies beweist schon der erste Satz:

> *»Dass die Elektrodynamik Maxwells – wie dieselbe gegenwärtig aufgefasst zu werden pflegt – in ihrer Anwendung auf bewegte Körper zu Asymmetrien führt, welche den Phänomenen nicht anzuhaften scheinen – ist bekannt.«*

Dass diese Arbeit dennoch Furore machte, ist dem geistigen Umfeld geschuldet, in das sie hinein geriet. Zu dieser geistigen Situation seines Umfeldes in der Auseinandersetzung von Materialismus und Idealismus  ist auch zu bemerken, dass Einstein nie zum Materialismus neigte. Im Gegenteil, im Fahrwasser des Empiriokritizismus eines Ernst Mach konnte sich der Relativismus in der Physik entwickeln. Wir finden bei Lenin einen Essay *Empiriokritizismus und Materialismus*[27]) von 1908,  wo er gegen den Relativismus in der idealistischen Physik polemisierte. So ist es auch nicht verwunderlich, dass Einsteins universitäre Karriere quasi als eine Nachfolge  Machs 1911 in Prag begann. Doch mit Lehre hatte Einstein nichts im Sinn. Allgemein glaubt man, dass Einsteins Relativitätstheorie von Mach beeinflusst wurde. Aber da ist noch ein anderer Philosoph, der einen starken Einfluss auf den jungen Einstein ausübte. Arthur Schopenhauer  prägte mit seinem Werk *Die Welt als Wille und Vorstellung* Einsteins Vorstellung von Relativität, worin er eine Kritik an Immanuel Kants *Kritik der reinen Vernunft* vornahm, und Relativität als eine symmetrischen Beziehung zwischen Beobachter und Objekt beschrieb, die Einstein auf die Bewegung übertrug.

Auch war Auguste Comtes Forderung, dass sinnliche Wahrnehmungen Ausgang des Denkens und Philosophierens sein sollten, zu dieser Zeit populär. Diese Forderung zusammen mit George Berkeleys subjektivem Idealismus erzeugten ein sonderbares philosophisches Klima, in dem sich sowohl eine Relativitätstheorie entwickeln konnte, die gekennzeichnet war durch die Identität von Bild und Objekt als auch eine Quantenmechanik, die die

---

27  Lenin – *Empiriokritizismus und Materialismus;*
    https://sites.google.com/site/sozialistischeklassiker2punkt0/lenin/1908/wladimir-i-lenin-materialismus-und-empiriokritizismus

Kausalität im Mikrobereich negierte und den Zufall in den Rang einer objektiven Realität erhob.

Im geistigen Machtzentrum der katholischen Kirche fand  zu Beginn des 20. Jahrhunderts  eine Auseinandersetzung der reaktionären Kräfte mit den Modernisten statt,  die in der Enzyklika *Pascendi Dominici gregis* von 1907 ihren Ausdruck fand. In der Folge strebte man aber im Vatikan unter dem Einfluss von George Lemaître eine Versöhnung der Wissenschaft mit dem Glauben an. So wurde Albert Einstein zum Zauberlehrling am Gängelband einer nach einer Periode der Aufklärung im 19. Jahrhundert wiedererstarkenden katholischen Kirche, in der George Lemaître eine führenden Position inne hatte.

*»We want a fireworks theory of evolution. The last two thousand million years are slow evolution: they are the smoke and ashes of bright but very rapid fireworks.«*

*»There is no conflict between science and religion.«*
– Georges Lemaître
New York Times, 19. Februar, 1933

Der jahrhundertealte Streit, ob die Erde oder die Sonne im Mittelpunkt der Welt steht, wurde durch Einsteins Relativitätstheorie beigelegt. Noch heute wirkt die Zensur des Peer-Review-Systems einer scholastisch erstarrten Sekte von spirituellen Wissenschaftlern, geführt durch die päpstlichen Akademie der Wissenschaft auf die Physik.

Aber was macht die Faszination dieser Relativitätstheorie aus? Es ist das Ungewöhnliche, hier die vierte Dimension, die spirituelle Phantasien weckt. Dies ist die Brücke, die Wissenschaftler überwinden müssen, um Lemaîtres Anliegen gerecht zu werden.

Im Mittelalter war es die „*Jungfrauengeburt*". In der Quantenphysik ist es der *Dualismus zwischen Welle und Teilchen*. Wenn schon die Wissenschaft nicht als Magd der Religion dienen will, muss der Glaube wenigstens die Vernunft beherrschen, ob dieser spirituell oder esoterisch ist, ist zweitrangig. Gefolgschaft ist entscheidend.

Schon 1878 erregte der Leipziger Astrophysiker Carl Friedrich Zöllner Aufsehen, als er den Amerikaner Henry Slade mit spirituellen und esoterischen Überlegungen zur vierten Dimension unterstützte. Beispielsweise argumentierte er: *Um von einer zweidimensionalen Figur auf einem Blatt Papier eine spiegelsymmetrische Figur zu erhalten, muss ich das Papier durch eine dritte Dimension umklappen. Folglich brauche ich eine vierte Dimension, um von einem dreidimensionalen Körper einen spiegelsymmetrischen Körper zu erhalten.* Doch das brachte ihm keine Anerkennung unter der aufgeklärten Gemeinschaft der Wissenschaftler. Im Gegenteil, das schadete seinem Ansehen beträchtlich.

Eine Generation später verhielt sich die wissenschaftliche Welt gerade entgegengesetzt. Als der bereits anerkannte Physiker Max Planck die Ideen des jungen Albert Einsteins verbreitete, wurde die spirituelle Idee der Mehrdimensionalität wesentlich bereitwilliger angenommen.

Der Grund lag wohl darin, dass diese Idee mathematisch besser verpackt war, indem sie als Lorentztransformation daherkam und man allgemein noch nicht sehr viel über die mathematische Gruppe der Transformationen wusste. Während man mit einer euklidischen Transformation den Beobachtungsstandpunkt ändert, gibt es Transformationen, die durch eine Reduktion der Raumdimension Abbildungen erzeugen.

Vertraut ist uns die perspektivische Abbildung eines Gegenstandes mit seinen Verzerrungen, die aber genau unseren Sehgewohnheiten entsprechen. Die Lorentztransformation ist nun eine Abbildung ebenfalls mit Verzerrungen, die nun nicht mehr unserer Erfahrungswelt entsprechen und die wir deshalb als ungewöhnlich empfinden. Solange man die Abbildung nicht für die Realität selbst hält, ist das auch in Ordnung. Es ist aber ein Dogma geworden, dass man in der Elektrodynamik die Galileitransformation durch die Lorentztransformation ersetzten müsse. Dafür gibt es aber keinen vernünftigen Grund. Der Unterschied zwischen elektrischen und magnetischen Effekten hängt nicht von der Bewegung des Beobachters ab, wie es Smolin formulierte[28]), sondern von der Bewegung der Ladung. Mit Verlaub, im Elektromotor rotiert der Anker und nicht der Beobachter. Man muss nur akzeptieren, dass Dynamik nicht symmetrisch ist.

Zum Sündenfall wird die Sache erst durch die positivistische Grundhaltung, Abbildungen als Realitäten der unwissenden Öffentlichkeit zu verkaufen. Ein anderes berühmtes Beispiel, dass diese esoterische Haltung auch bezüglich der Quantenmechanik charakterisiert, ist das Gedankenexperiment mit Schrödingers Katze, die als ein Zombie in der Kiste hockt und erst beim Öffnen der Kiste den konkreten Zustand lebend oder tot annimmt.

Die Quantenmechaniker um Max Planck gewannen ab 1927 zunehmend auch Einfluss in der päpstlichen Akademie. Als Ein-

---

28  L.Smolin – *The Trouble with Physics;* Mariner Book 2007 S.36  ISBN-10: 0-618-91868-x (pbk)

stein sich mit den Worten *Gott würfelt nicht*, gegen die Quantenmechanik wandte, war seine Karriere beendet. Ebenso erging es Stephen Hawking, als er die Nichtexistenz von Schwarzen Löchern im Sinne der Relativitätstheorie nach langjährigem Ringen mit Leonard Susskind 2014 zugab.

Sein Eingeständnis blieb in der Öffentlichkeit weitgehend unbekannt, und unbeeindruckt  davon wurde 2020 noch ein Nobelpreis für die Entdeckung eines schwarzen Loches in der Milchstraße vergeben.

Wir werden uns nachdem wir die physikalischen Grundlagen besprochen haben mit dem Innenleben von Galaxien noch in Abschnitt 4.6 beschäftigen.


## 2.5 Das Geschäft mit dem Ungewöhnlichen

Der fremdbestimmte Glaube steuert gewöhnlich das Leben der Menschen, umso mehr je geringer ihr Bildungsgrad ist. Dabei muss dieser Glaube überhaupt nicht religiös verankert sein. Ich selbst habe viele Jahre an die Wissenschaft geglaubt, bevor ich begann, mein Fachgebiet selbst zu hinterfragen. Es waren die internen Widersprüche, die mich in der gesellschaftlichen Wendezeit meiner Heimat aufmerksam machten. Ab diesem Zeitpunkt begann ich, mich meines Verstandes ohne fremde Leitung zu bedienen, wie es Immanuel Kant in seinem berühmten Traktat über die Aufklärung ausdrückte.

Solange man eine fremde Leitung benötigt, verharrt man im Zustand der Unmündigkeit. Roosevelts Zitat von den Grenzen des Geistes zielte folglich auf diese Unmündigkeit des Glaubenden, und woran glaubt der Unmündige am liebsten? – An Märchen und Wunder. Besonders in Zeiten der Not wurden die Menschen durch heilige Bücher konditioniert und von Priestern angehalten, an Wunder zu glauben. Insbesondere Heilungswunder nahmen einen großen Raum ein. Wundertäter schienen allein durch ihre überragende geistig Macht diese Wunder zu bewerkstelligen.

Man unterschied zwischen guten (Kirchen genehmen) und bösen Wundertätern. Erstere wurden vergöttert und letztere verteufelt. Ich erinnere an die Hexenverbrennung im Mittelalter als ein besonders schlimme Entgleisung menschlichen Glaubens, wo Frauen mit medizinischen Kenntnissen verfolgt und verteufelt wurden. Aber auch in kommunistischen Diktaturen wurden missliebige Intellektuelle verfolgt und umgebracht.

Noch heute existiert der Brauch in der katholischen Kirche, Menschen heilig zu sprechen, die angeblich Wunder vollbracht haben sollen. 2005 wurde Papst Johannes Paul heilig gesprochen. Der sie alle unter dem Dach der Kirche vereinende Wunderglaube war der Glaube an die „Unbefleckte Empfängnis der Jungfrau Maria". Es wird in der Presse immer wieder von  Wunderkindern berichtet, deren IQ mit Einstein und Hawking verglichen wird, deren Vermächtnis der Glaube an das „Schwarze Loch" ist, welches die Raumzeit krümmt, und dazu bedarf es nicht einmal des katholischen Glaubens. Nur welchen Nutzen hat die Gesellschaft von einem solchen Verhalten? Den selben, den die Gesellschaft davon hat, wenn Kindern vom Nikolaus oder Osterhasen erzählt wird.

Es ist daher nicht verwunderlich, dass das Interesse der Menschen allgemein darauf fixiert ist, wenn schon nicht Wunder so wenigsten das Außergewöhnliche zu suchen,  um sich entweder daran zu ergötzen oder sich eine Sonderstellung als ein „besonders gebildeter Mensch" zu erarbeiten.

> *»Wenn wir an etwas arbeiten, dann steigen wir vom hohen logischen Ross herunter und schnüffeln am Boden mit der Nase herum. Danach verwischen wir unsere Spuren wieder, um die Gottähnlichkeit zu erhöhen.«*
> — Alber Einstein

Wenn also Wissenschaft und Glaube, wie es Lemaître vorgesehen hatte, sich aneinander annähern sollen, muss die Kirche solche menschlichen Idole schaffen, die eine Sonderstellung einnehmen und Ungewöhnliches verkünden und das muss in einer Sprache geschehen, die von den meisten Menschen nicht verstanden wird, damit der Status des Auserwählt Seins unterstrichen wird. Dazu bietet sich die Mathematik an, wobei sie nicht immer exakt benutzt werden muss. Ungewöhnliches kann man in Bereiche verlegen, die nicht mit unseren Messgeräten erfasst werden.  Dazu bieten sich der subatomare Bereich und der Kosmos an.

Genau das ist das Arbeitsgebiet der modernen Physik, die Suche nach dem Außergewöhnlichen.  Wie will man etwas außergewöhnliches finden, was man sensorisch nicht erfassen kann? Es muss erfunden werden. Hat man erst einmal eine Idee, baut man sie zu einer Theorie aus und lässt sie dann durch ein möglichst aufwändiges Experiment bestätigen.

Das Problem ist aber die Interpretation des Experiments.

Dann werden gewöhnlich die Widersprüche zur Theorie sichtbar. So ist es bisher noch nicht gelungen, die Relativitätstheorie durch ein Experiment zweifelsfrei zu belegen. Doch von dieser Theorie haben Karl Schwarzschild und Stephen Hawking die schwarzen Löcher, riesige unsichtbare Gravitationsmonster abgeleitet, die die Phantasien der Menschen wie kaum eine andere Idee beschäftigen. Noch immer werden die intensiv leuchtenden Galaxiekerne von schwarzen Kreisen übermalt, obwohl Hawking nach einer jahrelangen Auseinandersetzung mit Susskind, die unter dem Namen *„The Black Hole War"* in die Physikgeschichte eingegangen ist, 2014 bekannt gab, dass es keinen Ereignishorizont gibt und damit dahinter auch kein Schwarzes Loch.

Es verhält sich so wie mit den Gottesbeweisen. Geistige Produkte bleiben geistig und ihr Schicksal ist an die Autorität ihrer Erfinder gebunden. Würden sie sich materialisieren lassen, wäre das Magie. Aber solche Magie hat offensichtlich einen großen Unterhaltungswert. Ein neuer Typ der Unterhaltung ist daraus entstanden, der Science-Fiction-Film. Filme wie *Der schweigende Stern*, *Planet der Affen* oder *Star Wars* sind Filme, die die Vorstellung von Abermillionen Menschen vom Kosmos geprägt haben, obwohl sie nur gegenwärtige gewöhnliche menschliche Probleme in eine ungewöhnliche Welt transportiert haben.

Das fällt dann aber in das Gebiet der Spiritualität und Esoterik, während eine Naturwissenschaft stets von den materiellen Erscheinungen ausgeht und davon eine Theorie macht. Hierin liegt der Sündenfall der Physik, dass ihre Repräsentanten, sich am Beispiel Einsteins orientierend, in den Armen der katholischen Spiritualität von den Zielen einer Naturwissenschaft, ein objektives Weltbild zu erarbeiten, verabschiedet haben. Sie treiben Wissenschaft nicht zum Erkenntnisgewinn sondern zum Gewinn von privatem Profit.

**Das Außergewöhnliche finden wir in Mythen und Legenden, nicht in der Wissenschaft.**

Es wäre schön, wenn dieser Satz gültig wäre. Ich habe darüber nachgedacht und bin zu einem anderen Ergebnis gekommen. Diese Gedanken habe ich in einem Essay zusammengefasst und sie seien als Abschnitte 2.6 und 2.7 in der deutschen Ausgabe hier wiedergegeben.

## 2.6  Der Mythos vom Welten-Ei

Das Wort *Mythos* stammt ursprünglich aus dem Griechischen und bedeutet so viel wie Erzählung, Rede oder außergewöhnliche Geschichte. In allen Kulturen, wo sich Menschen trafen, wurden Geschichten erzählt, in denen auch über die Entstehung der Welt und der Menschen reflektiert wurde. Diese Geschichten zur Unterhaltung und Belehrung spiegeln das Wissen und den Glauben einer Gesellschaft wider. Dabei wird das Sujet immer wieder abgewandelt, umgedeutet und neu ausgestaltet. Die daraus entstandenen Mythen bzw. religiösen Systeme in den über die Welt verteilten Kulturen sind in ihren Strukturen, Mustern und Symbolen folglich ähnlich, was sowohl für einen Austausch von Ideen über geografische Entfernungen als auch Beleg für einen gemeinsamen Hintergrund der Urbilder als Grundlage der Vorstellung in der menschlichen Psyche gedeutet werden kann. Einer der ältesten Mythen ist der Fruchtbarkeitsmythos, den die Menschen mit einem Fest zelebrieren. Noch in der Gegenwart wird das Osterfest gefeiert, das nach dem Mondkalender zu Ehren der Astarte terminiert wird. Das Christentum konnte die uralten Volksbräuche nicht verdrängen, dass unsere Kinder am ersten Sonntag nach Frühlingsanfangs Vollmond Ostereier suchen dürfen, die angeblich der Osterhase im Garten versteckt hat. Das Osterfest geht auf ein uraltes babylonisch/sumerisches Fest zu Ehren der *Astarte* alias Ishtar alias Inanna zurück und wurde von den Germanen übernommen. Seine Wurzeln sind möglicherweise noch älter. Die Astarte findet im ersten Buch Moses Erwähnung:

> *»Samuel aber sprach zum ganzen Hause Israel: Wenn ihr euch von ganzem Herzen zu dem HERRN bekehren wollt, so tut von euch die fremden Götter und die Astarten und richtet euer Herz zu dem HERRN und dient ihm allein, so wird er euch erretten aus der Hand der Philister.«* 1 Samuel 7.3

## Ein weiteres Zitat

> *»Das Wort Ostern ist direkt von dem chaldäischen Wort Ishtar abgeleitet, einem anderen Namen für Astarte oder Ashtoreth, der Göttin der Philister, Sidoniter und anderer heidnischer Nationen. Der Name wurde von Layard an assyrischen Monumenten gefunden (siehe Layard's „Babylon and Nineveh", S. 629). Wenn Eostre, als entsprechende Ausführung, der Name einer sächsischen Göttin ist, kann es keinen Zweifel geben, dass sie identisch mit, oder eine Transformation von Ischtar ist und ihren Ur-*

Als ein archetypisches Symbol für Fruchtbarkeit diente das Ei auch als eine Erklärung für den Anfang der Welt und wie sie aus dem Chaos entsteht. In den alten indoeuropäischen Mythen symbolisiert das Welten-Ei den absoluten Urzustand des Kosmos, aus dem sich ein Urwesen entwickelte, das als ein Zwitter gedacht war, oder das in anderer Weise die *Vereinigung von zwei komplementären Prinzipien* symbolisierte.

Wenn wir von indoeuropäischen Mythen sprechen, dann lokalisieren wir den Ursprung dieser Idee in den Ebenen des Indus zu einer Zeit, als man das Wissen noch mündlich von Generation zu Generation überlieferte. Dort erzählte man sich in den alten Veden (Wissen):

> *»Er (Prajapati) hatte den Wunsch, Wesen aller Art aus seinem eigenen Körper hervorgehen zu lassen. Zu diesem Zweck erschuf er durch einen „bloßen Gedanken" das Wasser und legte seinen Samen darein. Der Same wurde zu einem goldenen Ei, leuchtend wie die Sonne, und in diesem Ei wurde der Schöpfer der Welt selbst als Brahman geboren. Der Göttliche wohnte ein Jahr lang in diesem Ei, dann teilte er es Kraft seines Gedankens in zwei Hälften, und aus den beiden Hälften formte er Himmel und Erde … Indem er seinen eigenen Körper teilte, wurde er halb männlich und halb weiblich …«* [29])

Von *Prajapani* ging die Macht an *Indra* über. Die Namen *Indra* und *Brahman* verschmolzen mit der Zeit.

> *»Prajapati rief sie beide* (Indra und Virochana) *und sagte: „Ihr*

---

29   David A. Leeming - *Creation Myths of the World: An Encyclopedia; p.142ff*
https://www.amazon.de/-/en/David-Leeming/dp/B00FAWTCCU

*Lieben, die Person, die in der Pupille des Auges sichtbar ist, ist At-
man. Dieser Atman ist das Brahman, das Unsterbliche und Furcht-
lose. Geht und seht euch in einem Topf mit Wasser an und erzählt
mir dann, was ihr gesehen haben." « aus Upanishad, Kapitel 8.7.4*

*Abb.9: Marduk und Inanna/Ishtar auf einem Rollensiegel. Marduk hält die
Vajra in der Hand. Inanna folgend ist durch den achtstrahligen Stern und
die Schlange charakterisiert.*

Heute wird mit *Prajapati* das hinduistische Jahr bezeichnet, während *Brahman* als der Schöpfer schlechthin gilt. Ihm wurden
*Vishnu* der Erhalter und *Shiva* der Zerstörer an die Seite gegeben. Dieses als Trimurti bezeichnete Prinzip ist bis in das Christentum als die Dreifaltigkeit Gottes überliefert worden, wobei der
eigentliche Sinn im Monotheismus verloren gegangen ist.

Indra erhielt von Prajapati den Donnerkeil, die *Vajra* als Waffe,
die wie *Mjölnier,* der Hammer des germanischen Gottes Thor,
verstanden wird und mit der er die Dämonen vertrieben haben

soll. In späterer Zeit ist die Vajra auf bildlichen Darstellung zur Charakterisierung der obersten Gottheit als  Attribut sehr oft zu finden. (Siehe Abb. 9)
Diese Vajra ist die stilistische Darstellung einer elektrischen Entladung, der höchsten Naturgewalt schlechthin. Daraus ist dann über Zwischenstufen die heilige Lanze und das Zepter als Zeichen göttlichen Rechts hervorgegangen.


## 2.6.1 Was ist Schöpfung?

Ab der Herausbildung des Islams wurden Götter nicht mehr personifiziert, doch die Idee von einer Fremdbestimmung oder *Fremdorganisation* nach einem göttlichen Plan existiert selbst in Konzepten der Wissenschaft weiter.  Dem stellen Atheisten die *Selbstorganisation* gegenüber und meinen damit die Herausbildung von Strukturen aus sich selbst heraus.
Doch jede Gründung einer Organisation dient einem bestimmten Ziel.  In einem befruchteten Ei ist das Ziel bereits fixiert.  Tatsächlich hat die biologische Evolutionstheorie von Charles Darwin über Ernst Häckel bis zur Analyse der Desoxyribonukleinsäure (DNS) den Plan der Entwicklung eines Lebewesens in den Genen gefunden.  Die vererbbare Information ist in Millionen von Nukleotiden des DNA-Moleküls verschlüsselt. Jedes Nukleotid besteht aus einem Zucker und einer Phosphatgruppe sowie einer von vier verschiedenen Basen. Diese heißen Adenin (A=0), Cytosin (C=1), Guanin (G=2) und Thymin (T=3). Während unser technisches Informationssystem binär ist, handelt es sich beim Informationssystem des Lebens um ein quartäres System. Nur ist das Informationssystem an eine materielle Basis, in diesem Fall an ein riesiges Molekül gebunden. So reicht der „bloße Ge-

danke" für eine Schöpfung nicht aus. Der Gedanke ist stets in einer materiellen Struktur verschlüsselt.

Doch was ist mit der unbelebten Materie? Die unbelebte Materie ist wesentlich weniger komplex als die belebte. In welcher Struktur soll da der Bauplan versteckt sein?
Die klassische Physik beschreibt mit dem 2. Hauptsatz der Wärmelehre nur den Zerfall von Strukturen innerhalb geschlossener Systeme.
Für die Herausbildung von Strukturen müssen geeignete Umweltbedingungen vorhanden sein. Einen großen Erkenntnis-Schritt in diese Richtung hat Ilya Prigogine getan, als er 1984 sein Buch *Order out of Chaos*[30]) veröffentlichte. Während in einem geschlossenen System die Unordnung wächst, besteht in einem offenen System die Möglichkeit, den Müll zu entfernen und das schafft die Voraussetzung für die Verbindung einfacher Elemente zu komplexen Strukturen. Schöpfung kann also nur in einer offenen Umgebung möglich sein. Selbst ein befruchtetes Ei muss wenigstens Strahlungsenergie über die Schale mit der Umgebung austauschen können.

Doch ein Ei hat eine Vorgeschichte. Es taugt nicht für den ultimativen Anfang der Welt. Gibt es überhaupt den ultimativen Anfang? Siehe dazu Abschnitt 6.1:

---

30  I. Prigogine und I. Stengers – *Order out of Chaos: Mans New Dialogue with Nature;*
*https://deterritorialinvestigations.files.wordpress.com/2015/03/ilya_prigogine_isa belle_stengers_alvin_tofflerbookfi-org.pdf*

## 2.6.2 Die Herausbildung eines wissenschaftlichen Weltbildes und moderne Mythen

Unser heutiges Weltbild von einer etablierten Wissenschaftlergemeinschaft präsentiert, hat sich über die Jahrhunderte entwickelt und ist folglich nicht frei von Mythen der Vergangenheit. Glaubte man im Altertum an ein geozentrisches Weltbild, so entwickelte sich mit der Erfindung des Teleskops das heliozentrische Weltbild. Dabei wird die Geschichte der Wissenschaft seit Newton aus der Sicht von heute oft als ein kumulatives Anwachsen der Erkenntnis fortgeschrieben, in dem einmal gewonnene Erkenntnis durch den späteren Wissensfortschritt niemals mehr wesentlich in Zweifel gezogen wird, allenfalls in Randbereichen präzisiert wird.

Doch Thomas Kuhn sieht das anders.[31] In seinem Buch über die Struktur der wissenschaftlichen Revolutionen beschreibt er, wie sich ein Wechsel eines wissenschaftlichen Weltbildes zu einem neuen Weltbild vollzieht. Es handelt sich dabei um allgemein anerkannte wissenschaftliche Überzeugungen, Werte, Techniken usw, die für eine gewisse Zeit einer Gemeinschaft von Fachleuten maßgebende Probleme und Lösungen liefern. Thomas Kuhn nannte das ein *Paradigma*. Werden jedoch zunehmend neue Daten gewonnen, die nicht mehr in dem Paradigma erklärt werden können, kommt es zu einer wissenschaftlichen Krise und im Anschluss zu einem Paradigmenwechsel. Dieser Wechsel ist durch die Herausbildung neuer Überzeugungen geprägt, die sich zuerst in neuen Mythen ausdrücken, ehe diese Überzeugungen mit neuen Techniken wissenschaftlich bearbeitet werden. Andererseits entwickeln die Vertreter des alten Pa-

---

31 Th. Kuhn – *The Structure of Scientific Revolutions;*
   *https://www.amazon.de/Structure-Scientific-Revolutions-Thomas-Kuhn/dp/*
   *0226458083*

radigmas diverse Verteidigungsstrategien. Die Epizykeltheorie des Ptolemäus hat das geozentrische Weltbild bis ins Mittelalter hinein gestützt. Beim Übergang vom heliozentrischen Weltbild zum intergalaktischen Weltbild im ersten Drittel des 20. Jahrhunderts sollte die Relativitätstheorie das alte Paradigma der Laplaceschen Vorstellung von mechanischer Symmetrie, Gesetzesdeterminismus und Abgeschlossenheit stützen.

Während die physikalische Forschung bis zum Ende des 19. Jahrhunderts große Erfolge feierte, die in technische Anwendungen flossen, stagnierte sie im 20. Jahrhundert. Grund dafür ist der Einfluss des subjektiven Idealismus in Form des Positivismus auf führende Physiker dieser Zeit. Grundsätzlich ist die Einführung des Ortes und der Ansicht des Beobachters zu begrüßen und damit die Erkenntnis der Relativität der Beobachtung. Aber statt die Erkenntnis als eine Abbildung der Realität anzuerkennen, hat man die Empfindung und damit die Sinnestäuschung für die Realität selbst gehalten. Hierzu gehört auch der Einsteinsche Relativitätsgedanke abseits eines physikalischen Grundverständnisses wie bereits berichtet. Dieser Relativitätsgedanke beruht auf der mathematischen Gleichsetzung von Objekt und Abbild mittels einer projektiven Transformation mit ihren Verzerrungen durch Reduktion jeweils einer Raumdimension. So überdeckt dieser Relativitätsgedanke einerseits den Konflikt des heliozentrischen Weltbildes mit dem intergalaktischen Weltbild und andererseits fördert der Neopositivismus die Überbetonung des Sehsinns, was infolge seiner damaligen Popularität weitere Wissenschaftler auf eine falsche Fährten lockte.

Nun zog ein neuer Typ Mythos in das geschlossene heliozentrische Weltbild ein. Es ist der mathematisch gestützte *Hypothesenstapel*. Während eine Hypothese an und für sich eine nützliche Idee ist, um die Forschung zu intensivieren, ist die Hypothese, die auf eine vorhandene Hypothese gesetzt wird, schon ein Problem. Jede Aussage kann entweder wahr oder falsch sein. Die Wahrheit einer Aussage ist in erster Linie eine subjektive Bewertung. So ist sie mit 50%-iger Sicherheit wahr, solange sie nicht durch die Erfahrung vieler Forscher falsifiziert wurde. Doch um eine Hypothese anzunehmen, ist ein Wahrheitswert von wenigstens 90% anzustreben. Dann kann man die restlichen 10% als Ausnahmen qualifizieren.

Um den Wahrheitswert einer Hypothese zu steigern, bedarf es Beobachtungen und Bestätigungen möglichst vieler unabhängiger Forscher und statistischer Tests. Doch ohne sinnliche Wahrnehmung ist eine Hypothese weder zu bestätigen noch zu falsifizieren. Nehmen wir Einsteins Hypothese von der Krümmung des Kosmos durch die Gravitation. Angeblich sollte die Beobachtung der Ablenkung des Sternenlichts in Sonnennähe ein Beleg für die Krümmung des Raumes sein. Räume haben jedoch keine Krümmung, sondern nur einhüllende Oberflächen und das gilt auch für Verallgemeinerungen auf mehrere Dimensionen, da der *Allquantor* nicht die Eigenschaften ändert. In der realen Welt sind wir aber von einem dreidimensionalen Volumen umgeben, was wir nur in einen dreidimensionalen Raum abbilden können. Das Charakteristikum von Dimensionen ist ihre Unabhängigkeit von einander. Im Fall des numerischen Raumes sind dann ihre Skalarprodukte Null. Die Zeit bildet keine Raumdimension, da sie über die Geschwindigkeit vom Weg abhängig ist und selbst keine Richtung hat, also kein Vektor ist. Anstelle einer „vierdimensionalen" Raumzeit, haben wir einen kosmischen

Entwicklungsprozess mit verschiedenen Entwicklungszuständen zu beschreiben.[32]) Doch statt Prozessstufen kennen wir nur einzelne kosmische Artefakte, die wir versuchen, in eine zeitliche Folge zu bringen.

Seit Alters her wissen wir, dass dieses physikalische Volumen aus vier Phasen unterschiedlicher Massendichte (fest,flüssig, gasförmig und leuchtend) besteht. Die Fortschritte in der Beobachtung des Himmels haben wir der Tatsache zu verdanken, dass die Geschwindigkeit des Lichtes von der Dichte des durchstrahlten Mediums abhängt, und damit ist es möglich, das Licht abzulenken. So ist die abnehmende Dichte des Sonnenplasmas, die man während der Sonnenfinsternis beobachten kann, die Ursache für die Ablenkung des Lichtes und nicht die Gravitation, denn eine Kraft definiert sich als das Produkt aus Masse und Beschleunigung, doch Licht ist ein Impuls, der in einer Masse weitergegeben wird. Der Lichtimpuls selbst hat keine Masse. Er ist die Information über seine Quelle, die auf ihrem Weg zu ihren Empfängern vervielfältigt wird und dabei mit dem Quadrat des Abstandes an Intensität abnimmt. Darin unterscheidet der Lichtimpuls sich nicht von der allseits bekannten Radiowelle, nur dass seine Schwingungsfrequenz wesentlich kürzer ist.

Nun hatte Newton das Gravitationsgesetz für die Massenanziehung zweier punktförmiger Körper aus den Keplerschen Bewegungsgesetzen der Planetenbewegung aufgestellt, die auf den

---

32  M. Hüfner - *The cosmos in the light of systems theory;*  2017 ;
     http://mugglebibliothek.de/english/index_htm_files/kosmos-system-engl.pdf.

Beobachtungen des Tycho Brahe beruhten. Doch schon bald fand man heraus, dass drei und mehr Körper ein Problem darstellten und eine Verallgemeinerung des Gravitationsgesetzes auf den gesamten Kosmos nicht zulässig ist. Ganz und gar verheerend wirkte sich die Anwendung des Gravitationsgesetzes auf die Bewegung einer Spiralgalaxie aus. Es erwies sich als zu schwach für das plateauartige Rotationsgeschwindigkeitsprofil. Trotzdem wollte man die Idee von der Allgemeingültigkeit der Gravitation nicht aufgeben und statt nach den Ursachen zu forschen, wurde nun eine weitere Hypothese auf die Gravitationshypothese gesetzt. Es wurde die Hypothese von einem Schwarzen Loch im Zentrum der Galaxis und einer Halo von dunkler Materie um die Galaxie herum herausgegeben.[33]) Eine simple Erklärung für das Rotationsprofil ist der elektrodynamische Wirbel, weil Licht nach Maxwell eine elektromagnetische Erscheinung ist und die Gravitation wie die Coulombkraft beide mit der Torsionswaage nach Cavendish gemessen werden. Während es sich bei der Gravitation um die Wirkung gebundener Ladung handelt, ist die Ursache der Coulombkraft die Wirkung freier Oberflächenladungen. Je mehr Körper zusammenkommen, desto größer wird die Gesamtoberfläche und desto stärker ist der Einfluss der freien Ladungen. Diese Erklärung ersetzt alle anderen, die auf der irrtümlichen Raumkrümmung beruhen.

Haben wir keine falsifizierenden Fakten für unsere Hypothesen, müssen wir uns mit Halbwissen begnügen. So multiplizieren sich ihre Wahrscheinlichkeiten. Die neue Hypothese ist dann nur noch mit 25%-iger Wahrscheinlichkeit wahr. Eine aus einer Hypothese abgeleiteten Hypothese wird so zu einem Mythos mit dem berühmten Körnchen Wahrheit. Es wird immer wieder von

---

33  https://www-zeuthen.desy.de/~kolanosk/astro0506/skripte/dm01.pdf

Beweisen physikalischer Theorien berichtet. Die Annahme einer Hypothese beruht auf der Autorität des Herausgebers. Ob sie falsch bewertet wurde, stellt sich erst im Kontext mit anderen Aussagen heraus, wenn es zu Widersprüchen in den Folgerungen kommt. Insofern ist eine Hypothese nicht beweisbar, sondern nur falsifizierbar, argumentierte Karl Popper, womit er den Positivismusstreit auslöste. Auslöser für einen solchen Hypothesenstapel war die Unzulänglichkeit des Newtonschen Gravitationsgesetzes für mehr als zwei Körper, was für die Beschreibung der Bewegung einer Galaxie mit Gravitationskräften ein Problem darstellt. [34])

Das Konzept des Welten-Eies wurde von der modernen Kosmologie in den 1930er Jahren wiederentdeckt und in den folgenden zwei Jahrzehnten weiter entwickelt. Schließlich wurde es von 1951 von Papst Pius XII als Modell der Schöpfung anerkannt. Schon 1927 behauptete Georges Lemaître, dass sich der Kosmos aus einem *Uratom* entwickelt habe. Folgt man modernen kosmologischen Modellen, so war angeblich vor 13.8 Milliarden Jahren die gesamte Masse des Universums in einer gravitativen Singularität komprimiert, dem sogenannten *Kosmischen Ei*, von dem aus sich der Kosmos bis zu seinem heutigen Zustand entwickelt haben soll. Diese „gravitative" Singularität ist nichts weiter als der Wunsch des *Prajapati,* denn Punktmassen sind geistige Konstrukte, weil Kräfte zwischen räumlich verteilten Teilchen aus der Dualität von positiven und negativen Ladungen entspringen.

---

34  M. Hüfner - *Thoughts on the Physics Nobel Prize 2020: Metaphysics - how astrophysicists gamble away their expertise;*
https://blog.mugglebibliothek.de/category/category8/

Nun könnte man weiter fragen, woher diese beiden Ladungen kommen und so fort. Wir werden darauf keine ernsthafte Antwort erhalten, zumal die Idee von der zeitlichen Umkehr für einen Entwicklungsprozess verboten ist, weil bei einer Entwicklung die Gegenwart kausal von der Vergangenheit abhängig ist und Ursachen unterschiedliche Wirkungen hervorbringen können. In Anlehnung an den Laplaceschen Dämon und auf Grund der ungenügenden Kenntnis der Thermodynamik trat in diesem Konzept ein geistiger Konflikt zwischen der Vorstellung der Abgeschlossenheit und der Unendlichkeit des Universums auf, den Albert Einstein mittels seiner Allgemeinen Relativitätstheorie zu überwinden versuchte. Ende der 1940er Jahre beschrieben Ralph Alpher und George Gamow den absoluten Urzustand mit einem heißen Protonen- und Neutronengas und nannten ihn *Ylem*, der zwischen dem *Big Crunch* des vorangegangenen Universums und dem *Big Bang* des jetzigen Universums existiert haben soll.[35]) Ylem sei eng mit dem Konzept der Supersymmetrie verbunden, behauptet Edward Harrison.[36])

Ein Neutronengas ist jedoch undenkbar, da freie Neutronen keine stabilen Teilchen sind. Sie zerfallen in Protonen und Elektronen und es entsteht nach kurzer Zeit molekularer Wasserstoff. Es müssten schon Elektronengase und ionisierte Gase existieren, die wir tatsächlich beobachten. Das aber ist nichts anderes als der ultimative Plasmazustand der Materie, der Zustand, den wir noch heute neben molekularen Wasserstoffwolken in weiten Teilen den Kosmos beobachten und den das Paradigma des Elektrischen Universums propagiert. Der Kosmos ist ein plasma-

---

35 *The Cosmos--Voyage Through the Universe* series, New York:1988 Time-Life Books Page 75
36 Edward Harrison: *Masks of the Universe: Changing Ideas on the Nature of the Cosmos,* Cambridge University Press, 8. Mai 2003, S. 224

gefülltes Volumen von Ladungsträgern mit einer variablen Massendichte im Gegensatz zur geistigen Relation, die die masselose Raumzeit im alten Paradigma beschreiben soll. Im neuen Paradigma sind  die Ladungsträger die Ursache für die Kräfte zwischen den kosmischen Objekten, während im alten Paradigma, die Kräfte aus der Geometrie kommen sollen.

Wo aber soll der Bauplan oder die „Weltformel" des Universums versteckt sein?  Wenn es keinen Bauplan gibt, wozu dann die Konzentration aller Masse in einem Punkt? Ganz und gar abwegig ist die Idee von einer Explosion aus dem Nichts. Schon die alten Griechen wussten, dass Schöpfung wenigstens ein gewisses Chaos in einem Volumen voraussetzt. Doch Chaos ist keine Quantität. In der Physik ersetzen wir diesen Begriff durch den Begriff der Entropie. Außerdem führt eine Explosion zu keiner Abnahme der Entropie bzw. strukturellen Ordnung, sondern im Gegenteil, sie zerstört Struktur.

Lediglich der Buddhismus hat sich da schon vor mehr als 2500 Jahren aus der Affäre gezogen, indem er seitdem das Rad des Lebens propagiert, das weder Anfang noch Ende kennt. Das Ziel des Lebens ist dort, von diesem Karussell  der Wiedergeburt herunter zu kommen und zu vergehen.  Buddha meinte, es habe keinen Sinn, über den Ursprung der Welt zu spekulieren.[37])

Wir können nicht in die Vergangenheit schauen, auch wenn das Licht der Sterne uralt ist. Das Urknall-Modell geht davon aus, dass das Licht zuerst zu einem festen Zeitpunkt im Universum

---

37  https://de.wikibrief.org/wiki/Creator_in_Buddhism

entstand und sich daraus die Elementarteilchen gemäß alter Mythen entwickelten.

*»Am Anfang gab es nur das dunkle Urwasser aus dem Atum, der erste Gott, entstand. Atum hustete und spuckte Shu aus, den Gott der Luft, und Tefnut, die Göttin der Feuchtigkeit …«*

heißt es in einem ägyptischen Mythos aus Heliopolis und in der neuen Bibel liest man:

*»Und Gott sprach: Es werde Licht! und es ward Licht. Und Gott sah, daß das Licht gut war. Da schied Gott das Licht von der Finsternis… «*
1.Mose 1:3

Aber dass Licht eine elektromagnetische Welle ist, die schon Clerk Maxwell beschrieben hat, die eine materielle Quelle zu ihrer Entstehung und ein Medium zu ihrer Fortpflanzung benötigt, scheint sich bis zu den Astrophysikern entweder noch nicht herumgesprochen zu haben, oder aber das alte Paradigma setzt ihnen Denkgrenzen, die sie nicht überwinden können. Interessanterweise stellte Maxwell schon 1871 den zweiten Hauptsatz der Thermodynamik mit einem Gedankenexperiment in Frage. Erst Prigogine konnte auf diese Frage, die unter dem Begriff *Maxwellscher Dämon* bekannt wurde, eine befriedigende Antwort geben, indem er die Thermodynamik in einem offenen System weit ab vom thermischen Gleichgewicht betrachtete.

Alles, was wir von der Vergangenheit zu wissen glauben, beruht auf Artefakten, die wir ausgegraben haben und die wir in einer Reihenfolge angeordnet haben. Kosmische Artefakte sind die Galaxien und die finden wir in verschiedenen Entwicklungsstadien vor. So können wir sie in eine Reihenfolge nach ihrem Wasserstoffgehalt ordnen, aber wir haben keine Uhr, um ihr Alter

90

zu bestimmen. Folglich kann es nicht Aufgabe einer Wissenschaft sein, über den Anfang der Welt zu forschen, wofür wir keine Artefakte haben. So entsteht höchstens aus alten Mythen ein neuer Mythos. Beispiele gegenwärtiger attraktiver Mythen sind etwa die Polarkonfiguration eines David Talbott oder die Geschichten eines Erich von Däniken vom Besuch außerirdischer Intelligenz. Dort geht es um Unterhaltung fern jeder ernsthaften Wissenschaftlichkeit.

Knüpfen wir an Gamows Idee vom Ylem an und beschränken wir uns auf die beobachtbaren Objekte des Kosmos, haben wir es in einem definierten Anfangszustand einer Galaxie nach Clerk Maxwell mit nur zwei stabilen Teilchen oder Wirbeln zu tun, den Elektronen und Protonen, also ihren negativen und positiven Ladungen, die sich infolge des Z-Pincheffektes, hervorgerufen durch die Lorentzkraft, verdichten. Im Grunde genommen ist es ein binäres System, was da in der Struktur der Atome verschlüsselt wird. Ein großer elektrischer Wirbel umschließt kleine magnetische Wirbel oder zwei magnetische Wirbel werden von einem elektrischen Wirbel durchsetzt, wie das schon Clerk Maxwell und Hendrik Antoon Lorentz beschrieben haben. Die moderne Physik jedoch hat dafür keinen Blick mehr, da ihr Weltbild mit *Hypothesen-Stapeln* völlig überfrachtet ist. [38])

Eine der unproduktivsten Hypothesen bezüglich der Dynamik ist die von der Symmetrie der Welt, die direkt auf Laplace zurückführt, der da meinte, wenn man alle Anfangsbedingungen kennen würde, könnte man eine Gleichung aufstellen, die die ge-

---

38   H. Ratcliffe - *Stephen Hawking Smoked My Socks: How beliefs contaminate our opinions - an astrophysicist's perspective* ; https://www.amazon.de/Stephen-Hawking-Smoked-Socks-astrophysicists-ebook/dp/B00PUS8130

samte Welt zu jedem Zeitpunkt beschreibe. Er vergaß die Wechselwirkungen der Körper untereinander. Noch Einstein träumte vergeblich diesen Traum von einer Weltformel, die alle physikalischen Phänomene im bekannten Universum präzise als Gleichung beschreiben und verknüpfen sollte. Wie hartnäckig diese Versuche auch noch in jüngster Vergangenheit fortgesetzt wurden, erfahren wir bei Lee Smolin in seinem Buch über die *Drei Wege zur Quantengravitation*[39]).

Natürlich gibt es Symmetrie-Transformationen in der Mathematik, doch diese gehören zu der größeren Gruppe der Ähnlichkeitstransformationen. Die Gleichheit ist eine **symmetrische**, transitive und reflexive Relation. Doch Symmetrie und Dynamik widersprechen einander. Eine produktivere Hypothese ist die von der strukturellen Ähnlichkeit über Größenordnungen, wenn Naturgesetze ohne Beschränkung gelten sollen, was angesichts einer Natur, die in vier physikalische Phasen mit unterschiedlich starkem bipolarem Zusammenhalt untergliedert ist, durchaus problematisch ist.

So wird es nur sehr wenige Gesetze geben, die von dieser Allgemeinheit sein werden. Zwar kann man dann noch nicht von einem Bauplan der Welt sprechen, denn dann müsste man der unbelebten Materie einen Zweck unterstellen, so verwenden wir für den Zusammenfinden zu einer dynamischen physikalischen Struktur besser den schon eingeführten Begriff - *Stigmergie*.

Die elementare physikalische dynamische Struktur ist der Wirbel, der einem Schwarmverhalten seiner Bestandteile entspricht. Was soll da eine Supersymmetrie, ein Zustand völliger Bewegungslosigkeit? Abgesehen von der Tatsache, dass Elektronen und Protonen wirklich nicht zueinander symmetrisch sind son-

---

39   L. Smolin – *Three Roads to Quantum Gravity; https://www.amazon.de/Three-Roads-Quantum-Gravity-Smolin/dp/0465094546*

dern ähnlich. Freie Elektronen sind größer als freie Protonen und Protonen haben die doppelte Ladung wie Elektronen und sind 1836 mal schwerer als Elektronen, weshalb sie wesentlich weniger beweglich als Elektronen sind. Die doppelte Ladung resultiert daraus, dass im Atomkern Protonen und Kernelektronen zusammen Elementarmagnete bilden, die für den Zusammenhalt des Kerns mittels starker und schwacher Kernkräfte zuständig sind.[40]) Zusätzlich gibt es die Elektronenhülle, die den zweiten Teil der Ladung der Protonen kompensiert. Wir beschreiben diese Struktur mit den Gesetzen der Elektrodynamik. Jede beschleunigte Ladung gibt Energie in Form von elektromagnetischer Strahlung ab. Aus den grundlegenden Gesetzen der Elektrodynamik resultieren die Thermodynamik und die Mechanik. Eine Sonderstellung nimmt die Quantenmechanik ein. Man kann sie als eine spezielle Projektion der Wirbelbewegung von Elektronen in eine Ebene auffassen.

Nun scheinen einzelne Atome mit ihren Hüllen gegenüber ihrer Umgebung neutral zu sein. Doch die Verbindung zwischen Hülle und Kern ist nicht starr. Im Gegenteil, nähert sich ein zweites Atom, ergibt sich auf Grund der Ladungsunterschiede eine Verschiebung von Hülle und Kern, so dass zwei Dipole entstehen.

Auch wenn ich mich wiederhole! Man kann es angesichts der massiven Propagierung der angeblichen Schwarzen Löcher nicht genug wiederholen:

Die daraus resultierende Kraft zwischen zwei Körpern hat Henry Cavendish mit der Drehwaage messen können und sie wird allgemein als Gravitation bezeichnet. Zusätzlich konnte Charles

---

40  M. Hüfner – *Dynamic Structures in an Open Cosmos;*
    https://www.bod.de/buchshop/dynamic-structures-in-an-open-cosmos-mathias-
    huefner-9783755713753

Augustin de Coulomb  durch Reibung  die Elektronenladung an der Oberfläche von zwei Körpern beeinflussen und mit dem gleichen Messprinzip wieder die Kraft messen, die nun bedeutend stärker war. Diese Kraft, hervorgerufen durch freie Ladungsträger wurde als bipolare elektrostatische Kraft erkannt.

Obwohl schon der italienische Physiker Ottaviano Fabrizio Mossotti die Gravitation in der Mitte des 19. Jahrhunderts als eine residuale elektrische Kraft bezeichnete, haben merkwürdigerweise bis in die Gegenwart nur wenige Wissenschaftler wie etwa Wallace Thornhill den Zusammenhang zwischen den beiden Erscheinungen von freier und gebundener Elektrizität verstanden, sodass sich der von Einstein verbreitete Mythos von der Gravitation, aus der Geometrie resultierend, verbreiten  konnte. Daraus resultierend hält sich hartnäckig der Mythos vom Schwarzen Loch, das den „Raum"  im Inneren einer Galaxis krümmen soll und mit der Zeit alle Materie samt Strahlung verschlingen würde, obwohl Stephen Hawking seine Wette gegen Leonard Susskind verloren hat. Er musste bekennen, dass es keine Schwarzen Löcher im Sinne der Theorie gäbe[41]), denn es zeigt sich aber, dass aus dem Inneren von Galaxien Materie austritt. Ohne Schwarze Löcher gibt es auch keine Gravitationswellen und keine Ausdehnung eines geschlossenen vierdimensionalen Kosmos in eine fünfdimensionale Welt, ebenso keine Parallelwelten, die man über sogenannte Wurmlöcher mittels Zeitreisen erreichen könnte.

Der Glaube an die Schwarzen Löcher ist vergleichbar mit dem Glauben an die unbefleckte Empfängnis der Mutter Maria. Er kennzeichnet eine Glaubensgemeinschaft.

---

41  St. Hawking - *Information Preservation and Weather Forecasting for Black Holes;*
    https://arxiv.org/abs/1401.5761

## 2.6.3 Widerstände gegen einen Paradigmenwechsel

Im geschlossenen heliozentrischen Weltbild wurde die Gravitation zwischen zwei Punktmassen die alles beherrschende Kraft, obwohl sich schon bald herausstellte, dass sobald mehrere Massen zusammenkommen, Newtons Gesetz nicht mehr gilt. Insbesondere wurde das augenfällig, als man die Rotationsbewegung von Galaxien untersuchte. Um den Glauben an das von der Kirche vertretene geozentrische Weltbild mit dem heliozentrischen Weltbild zu versöhnen, bediente man sich der Relativitätstheorie und dabei entstand der neue Mythos vom Gravitationsmonster und der dunklen Materie, den nur noch wenige zu hinterfragen wagen.

Bilder von hochleistungsfähigen Teleskopen und die  Daten der Weltraumtechnik, die seit der Mitte des 20. Jahrhunderts gesammelt wurden, geben den etablierten Wissenschaftlern jedoch Rätsel auf, die sie innerhalb ihrer Theorien nicht lösen können, doch bestätigen sie in wunderbarer Weise die These von einem offenen elektrischen Universum, auch wenn letzteres auch auf Mythen gegründet wurde, die von der etablierten Wissenschaft verachtet und lächerlich gemacht werden. In dieser revolutionären Phase der Physik ist das neue Paradigma noch nicht gefestigt, weshalb es auch von Mythen begleitet wird, die in ihrer  Absurdität den Mythen der etablierten Wissenschaft durchaus ebenbürtig sind.

Entscheidend für einen Fortschritt sind nicht die begleitenden Mythen, sondern, ob das neue Paradigma in der Lage ist, die Probleme des alten Paradigmas zu lösen.

Aus der Entwicklung der Elektrodynamik im 19. Jahrhundert resultiert die zweite Stufe der industriellen Revolution mit der vor allem ein Name verbunden ist: Nicola Tesla. Doch ihre Weiterentwicklung im 20. Jahrhundert ist nicht folgerichtig, und man muss sich fragen: Warum wurde die Elektrizität im Kosmos von der etablierten Wissenschaft so sträflich vernachlässigt, obwohl die Mythen der Antike sie als ein göttliches Symbol dargestellt haben. Tesla war ein Praktiker, und als Praktiker kritisierte er die Theoretische Physik, wie sie sich Anfang des 20. Jahrhunderts entwickelte, doch erfolglos:

> *»Ich bin der Meinung, dass der Raum nicht gekrümmt werden kann, aus dem einfachen Grund, dass er keine Eigenschaften haben kann. Man könnte genauso gut sagen, dass Gott Eigenschaften hat… Hat er nicht, sondern nur Attribute und diese sind von uns selbst gemacht. Von Eigenschaften können wir nur sprechen, wenn es um Materie geht, die den Raum ausfüllt. Zu sagen, dass sich der Raum in Gegenwart großer Körper krümmt, ist gleichbedeutend mit der Aussage, dass etwas auf nichts einwirken kann. «*[42]

Der Glaube ist stärker. In den jüdisch-christlichen Mythen kommt die Elektrizität nur an einer Stelle vor und zwar dort wo Gott *Jahwe* Moses durch einen brennenden Dornbusch auf dem Berg Horeb die Anweisung gibt, die Israeliten aus Ägypten zu führen (Exodus 3). Diese Szene kann man als die Sichtung eines elektrischen Sprites oberhalb der Wolken deuten, als eine elektrische Entladung in die Stratosphäre.

*»Du sollst keine anderen Götter neben mir haben!«* fordert Jahwe von Moses in seinem ersten Gebot. Im Zuge der Christia-

---

42  *New York Herald Tribune*. 11. September 1932.

nisierung wurden alle alten Götter aus dem Bewusstsein der Menschen getilgt und diejenigen, die sich den kirchlichen Geboten widersetzten, wurden Höllenqualen im Fegefeuer tief in der Erde angedroht. Doch der Himmel war oberhalb der Wolken vom Feuer befreit und den gutgläubigen Seelen vorbehalten. Einem gläubigen Christen muss daher die Vorstellung von einem himmlischen Feuer wie verkehrte Welt vorkommen und ein Wissenschaftler, der im christlichen Glauben erzogen wurde, hat folglich mit der Vorstellung von einem Kosmos im Plasmazustand ein Problem und wird Argumente finden, diese Tatsache zu negieren. So bleibt eine kirchlich etablierte Wissenschaft dogmatisch scholastisch.

In einer säkularen Welt besteht jedoch Hoffnung für die Überwindung dieser Denkblockaden. Doch da hat die Gesellschaft noch einen langen Weg vor sich und revolutionäre Verwerfungen durch ideologische Eingriffe sind da nicht ausgeschlossen. Haben doch schon in den fünfziger Jahren des vorigen Jahrhunderts säkulare Wissenschaftler auf die erkenntnistheoretischen Probleme der modernen Physik hingewiesen.[43] Nach einer ideologisch aufgeheizten Phase wurden diese Probleme nach Stalins Tod aber als dialektische Widersprüche in das philosophische Konzept der dialektischen Materialismus integriert, statt sie als mathematisch logische Widersprüche zu erkennen und zu überwinden. Das schlägt sich im Lehrbuch *Mechanik* der Theoretischen Physik von Landau und Lifschitz[44] nieder.

---

43  V. Stern – *Erkenntnistheoretische Problem der modernen Physik;* Aufbauverlag
    Berlin 1952
44  https://www.amazon.de/Lehrbuch-theoretischen-Physik-Mechanik-Lifschitz/dp/

Die dort vermittelte Relativitätstheorie hinterließ in mir als Student eine tiefe Skepsis, die mich mein ganzes Leben begleitete und schließlich zum Ausgangspunkt meiner intensiven Studien nach meinem Berufsleben wurde. Mit dem Beginn der Raumfahrttechnik wichen die erkannten Fakten immer mehr von der etablierten Theorie ab. So ist es sicher kein Zufall, dass es kaum noch Menschen gibt, die Physiklehrer werden wollen.

## 2.7 Rätsel der Quantenmechanik

Als ich vor mehr als 50 Jahren die Universität verließ, war auch die Quantenmechanik ein Rätsel für mich und ich beschloss, dieses irgendwann mal in der Zukunft zu lösen. Erstaunlich war, dass die Quantenmechanik die Vorgänge in der Atomhülle ganz gut abbilden konnte, aber in der Teilchenphysik und bei der Erklärung des Atomkerns versagte sie. Sie blieb unanschaulich und widersprüchlich und somit wusste niemand so recht, was der Formalismus eigentlich leisten konnte und was nicht. Etwa dreißig Jahre später formulierte Lee Smolin in seinem Buch *The Trouble with Physics*[45]) als eines der fünf Hauptprobleme der Physik:

> *» Lösen Sie die Probleme der Grundlage der Quantenmechanik, indem Sie entweder die Theorie in ihrer jetzigen Form verständlich machen oder eine neue Theorie erfinden, die Sinn macht.«*

Werfen wir einen Blick auf die Rätsel der Quantenmechanik. Dazu müssen wir uns das Paradigma der „Massenpunkt"-Mecha-

---

3055000641

45  L. Smolin – *The Trouble with Physics;*
    https://en.wikipedia.org/wiki/The_Trouble_with_Physics

nik vergegenwärtigen. Es wird am besten mit dem Laplaceschen Dämon charakterisiert. Der **Laplacesche Dämon** ist das Sinnbild einer Auffassung, nach der es im Sinne der Vorstellung eines *geschlossenen mathematischen Weltgleichungssystems* möglich ist, unter der Kenntnis sämtlicher Bewegungen und aller Anfangsbedingungen wie Lage, Position und Geschwindigkeit aller im Kosmos vorhandenen physikalischen Teilchen, jeden vergangenen und jeden zukünftigen Zustand zu berechnen und zu determinieren, also eine Weltformel aufzustellen Diese Idee ist schon oft verworfen worden. Doch sie lebt unter verschiedenen Bezeichnungen wieder auf. Heutzutage spricht man von einer *Theory of everything* (TOE) oder Quantengravitation oder dem Standardmodellen des Mikro- und Makrokosmos und das hält Smolin für ein weiteres Hauptproblem der Physik:

> *»Kombinieren Sie die Allgemeine Relativitätstheorie und die Quantentheorie zu einer einzigen Theorie, die den Anspruch erheben kann, die vollständige Theorie der Natur zu sein.«*

Newtons Identitäten in symmetrischen Polynomen drückten das *Idealbild des Kosmos* aus, das in Ausnahmesituation einmal gebrochen werden konnte. Das änderte sich mit den elektromagnetischen Bewegungsgleichungen von Maxwell und Lorentz, sowie der mechanischen Thermodynamik. Doch das stand auf einer anderen Seite des Lehrbuches. Was Dynamik ist, hatte niemand von den durch Newton geprägten Theoretikern so recht verstanden, weshalb das Paradigma eines geschlossenen symmetrischen Systems von ihnen nie ernsthaft in Frage gestellt worden ist.

**Doch wieso ist die Welt ein geschlossenes System und wieso soll Dynamik symmetrisch sein?**

Die Antithese zu diesem Paradigma ist eine offene selbstähnliche fraktale lichtdurchflutete Welt, wo Gleichgewichte nicht symmetrisch sondern Fließgleichgewichte sind, was die drei Dynamiken wie Elektrodynamik, Thermodynamik und Mechanik beschreiben.

Was ist der prinzipielle Unterschied zwischen einer Massenpunkt-Mechanik und einer Quantenmechanik? Es ist der Skalenunterschied, und neutrale Körper repräsentiert als Massenpunkte nicht-zählbarer Mengen von Teilchen, bewegen sich in einem nur zweidimensionalen Newtonschen Gravitationsfeld. Quanten, gemeint sind Elektronen, also abzählbare Mengen von Ladungen, bewegen sich anders. Beschleunigte Ladungen erzeugen ein Magnetfeld, das ein Moment induziert, was eine Kraft erzeugt, die die Ladung auf eine Schraubenbahn zwingt. Ihre Projektion in eine Ebene, aufgespannt durch Rotationsachse und Radius, ergibt eine Welle, die Louis de Broglie 1927 als Materiewelle bezeichnete[46]).

Daraus entwickelte sich die Vorstellung vom Dualismus von Welle und Teilchen. Tatsächlich bewegen sich alle geladenen Teilchen in einem Kraftfeld kraftfrei auf schraubenförmigen Bahnen im dreidimensionalen Raum, weil die magnetische Kraft senkrecht auf der elektrischen Kraft steht, wie Hendrik Antoon Lorentz erkannt hat. Mit anderen Worten, **die Wirbelbewegung ist**

---

46  Louis de Broglie - *La Mécanique ondulatoire et la structure atomique de la matière et du rayonnement.* In: *Journal de Physique, Serie VI.* Band VIII, Nr. 5, 1927, S. 225–241.

**die natürliche Form der Dynamik**, so wie sie schon Hermann von Helmholtz 1856, James Clerk Maxwell  und Ludwig Boltzmann 1864 beschrieben haben. Doch diese großartigen Leistungen sind von der nächsten Generation Physiker offensichtlich nicht verstanden worden, sonst hätte die Relativitätstheorie, entwickelt aus der *„Elektrodynamik bewegter Körper",* massive Kritik geerntet.  Schon allein Einsteins Definition des Inertialsystems widerspricht Newton ohne Grund und erst recht den Erfahrungen der Astronauten.


Betrachtet man jedoch einen ganz kleinen Kreisbogen von einem sehr großen Kreis, hat man angenähert eine Gerade. Nur muss man dann zwei Bewegungsrichtungen unterscheiden. Die Bewegung in Richtung in oder entgegengesetzt zum Massenzentrum und die Bewegung senkrecht dazu. Folglich muss man Schwerkraft von Trägheitskraft anhand der Wirkrichtung unterscheiden, obwohl die Masse unverändert ist. Eine geradlinige Bewegung ist in einem Inertialsystem in jedem Fall beschleunigt, da ein Inertialsystem ein radiales kugelsymmetrisches Feld hat.

**Ein Körper bewegt sich kraftfrei in einem zweidimensionalen Inertialsystem auf einer Kreisbahn und eine geradlinige Bewegung ist dann immer eine beschleunigte Bewegung.**


## 2.7.1 Dualismus  Welle – Teilchen

Als sich Max Planck 1895 mit dem Phänomen des schwarzen Strahlers beschäftigte, musste er feststellen, dass Energie nur in diskreten  Mengen emittiert oder absorbiert werden kann, da der Zusammenhang zwischen Energie und Strahlungsfrequenz über eine feste Konstante hergestellt werden konnte.  Man hatte den Zusammenhang mit der Strahlungsintensität erwartet.

Das war für die damalige Zeit so überraschend, weil dieser  Zusammenhang von Energie und Frequenz nicht in das  überlieferte Paradigma der damaligen Physik passte. Aus heutiger Sicht ist das verwunderlich, hatte doch schon Demokrit im 5. Jahrhundert v. Chr. vermutet, dass die Materie aus diskreten Quanten besteht, die er Atome nannte, die dann in Mengen auch noch zählbar sind.

1897 entdeckte dann Joseph John Thomson tatsächlich das diskrete negative Elektron, das ein Bestandteil des Atoms sein musste. Vorher bestand bei einem Teil der Physiker die Vorstellung, dass Elektrizität eine Art Flüssigkeit sei, die ja nach Demokrit auch aus Teilchen besteht. Betrachtet man einzelne Elektronen, so hat man abzählbare Mengen, also Quanten im Gegensatz zu nicht-abzählbaren Mengen, die nur in Relation zur Massenäquivalenz eines Eichmaßes stehen. Ernest Rutherford entwickelte 1911 das erste Atommodell. Sein Modell war analog zum Planetenmodell aufgebaut. Um einen positiven Kern kreisten Elektronen wie Planeten, aber erst 1919 entdeckte er das positive Elementarteilchen, das Proton. So ist es nicht erstaunlich, dass sich das Plancksche Wirkungsquantum nur auf das Elektron bezieht, obwohl das 1836 mal schwerere Proton eine viel größere Wirkung erzielt, wenn es auf eine Phasengrenze trifft. Das ist der Grund, warum die Gamma-Strahlung aus dem Atomkern so viel energiereicher ist.

Wie Heisenberg in seiner *Geschichte der Quantentheorie*[47]) berichtet, scheiterte der Versuch Plancks, die neue Erkenntnis in die älteren Vorstellungen der Strahlungstheorie zu integrieren.

Doch der junge Alber Einstein konnte mit der neuen Energieformel die Aussendung von Elektronen an der Phasengrenze von Metallen unter Einfluss des Lichtes mittels Verwendung von Plancks Formel erklären. Das machte auf Planck, der damals Herausgeber der Annalen der Physik war, einen großen Eindruck und fortan förderte er den jungen Einstein.

Die chemische Bindung zwischen benachbarten Atomen bereitete aber Probleme bei der Erklärung mit Rutherfords Atommodell. Kein Planetensystem würde nach Zusammenstoß mit einem benachbarten System in seine Ausgangslage zurückkehren. Folglich muss der Atomkern über eine ungleich größere Stabilität als ein Planetensystem verfügen. Niels Bohr kam 1913 mit einer besseren Erklärung, indem er sich auf Plancks Idee berief, dass auch der Atomkern nur diskrete Energiebeträge aufnehmen oder abgeben kann und dann wieder in den Normalzustand zurückfällt.

Im Fall des Wasserstoffs konnte man aus der Bohrschen Theorie die Frequenzen des emittierten Linienspektrums seines Lichtes berechnen. Das war ein gewaltiger Erfolg für die neue Theorie. Allerdings entsprachen diese Frequenzen nicht denen, die man

---

47   W. Heisenberg - *Quantentheorie und Philosophie Vorlesungen und Aufsätze;* (Reclams Universal-Bibliothek)
*https://www.buecher.de/shop/quantentheorie/quantentheorie-und-philosophie/ heisenberg-werner/products_products/detail/prod_id/01587236/*

aus der Bewegung der Elektronen in ihrer Bahn erwartet hatte, weshalb Bohr die Idee mit den Planetenbewegungen verwarf. Stattdessen nahm er an, dass das Linienspektrum des Lichtes aus Quantensprüngen zwischen diskreten Bahnen, die sich aus stehenden Wellen um den Atomkern herum ergaben, die Louis de Broglie 1924 entdeckt hatte. Man sprach ab da von dem Paradox vom Dualismus des Lichtes als Welle und Teilchen. Das hat sicher zu den größten Verwirrungen in der Quantenphysik geführt. Heisenberg klagt in seiner *Geschichte der Quantentheorie S.12*:

> *»Das merkwürdigste Erlebnis jener Jahre war, daß die Paradoxa der Quantentheorie während dieses Prozesses der Klärung nicht verschwanden, daß sie im Gegenteil sogar immer schärfer und erregender in Erscheinung traten.«*

In jenen Jahren dachten Physiker in Begriffen der Newtonschen Mechanik. Tatsächlich kommt man aus diesem Widerspruch heraus, wenn man die Ergebnisse der Elektrodynamik des 19. Jahrhunderts hinzunimmt. Maxwell sagt, dass ein elektrisches und magnetisches Feld aufeinander stehende Wirbel bilden. Das bedeutet, dass eine elektrische Ladung nicht einfach eine Kreisbewegung ausführt, sondern eine helikale bzw. schraubenförmige Bewegung  um den kreisförmigen Wirbelfaden ihrer Bewegungsrichtung.  Bewegt sich eine elektrische Ladung, erzeugt sie ein Magnetfeld und eine mechanische Kraft, die auf der Bewegungsrichtung der Ladung senkrecht steht. Man bezeichnet diese Kraft als Lorentzkraft nach Hendrik Antoon Lorentz, der diese durch J.J. Thomson 1881 entdeckte Kraft  1895 erstmals mit der Formel

$$\vec{F}_l = q \cdot \vec{v} \times \vec{B} \tag{2.01}$$

exakt beschrieb.

Nun wissen wir seit den Versuchen mit der Drehwaage von Cavendish, dass die elektrische Ladung proportional der Masse der freien Ladungsträger ist. So stellt der Vektor $q \cdot \vec{v}$ einen Impuls dar, wo nur die Ladung übertragen wird, nicht aber die Masse. Damit wird eine Kraft übertragen, ohne dass die Masse den Ort wesentlich verändern muss. Diese Kraft sorgt für ein mechanisches Drehmoment

$$\vec{M} = \vec{r} \times \vec{F}_l \qquad (2.02)$$

und aus den beiden Formeln folgt, dass der Momentvektor in die entgegengesetzte Richtung der Bewegung der Ladung zeigt. Folglich muss es kraftfreie stationäre Bahnen geben, die wir als Feldlinien bezeichnen, weil sich dort beispielsweise Eisenfeilspäne ablagern. Für die Lichtwelle folgt daraus, dass nur der Impuls von Atom zu Atom weitergetragen wird. Die Atome schwingen nur um eine Ruhelage. Erst an einem Phasenübergang entfaltet sich die Wirkung ähnlich einer Tsunamiwelle, weil die Ausbreitungsgeschwindigkeit an der Phasengrenze schlagartig abgebremst wird und dadurch eine Kraft aufgebaut wird. So kann es geschehen, dass Licht, welches Interferenzbilder hervorbringt, auch einen photoelektrischen Effekt auslöst.

Es ist also notwendig, ein Übertragungsmedium zu haben, um das Licht auf die Netzhaut zu leiten, ebenso wie eine Nachricht einen Übertragungskanal benötigt. Lichtquanten sind informationstechnisch gesprochen, für den Spektroskopiker Nachrichten von den Lichtquellen, die von Atom zu Atom in einem Volumen weitergegeben und verteilt werden. Diese Nachrichten als Teilchen zu bezeichnen, sind ein unsauberer Sprachgebrauch, weil Lichtquanten mit Massen gleichgesetzt wurden. Quanten kann man zählen, Massen nicht. Massen werden gewogen. Wo man zählen kann, verliert das Wägen seine Bedeutung.

### 2.7.2 Unschärfen

Die Heisenbergsche Unschärferelation besagt, dass man Ort und Impuls nicht gleichzeitig messen kann. Das ist eine Binsenweisheit. Sie ist nicht nur bei der Abbildung von Atomen von Bedeutung. Der Impuls ist das Produkt aus Masse und Geschwindigkeit. Um eine Geschwindigkeit zu messen, benötigt man eine Strecke. Das folgt aus der Definition der Geschwindigkeit. Unschärfe ist eine Eigenschaft des Abbildungssystems. Spektrografen funktionieren anders als Kameras.

Heisenberg bezieht die Unschärfe auf einen Spektrografen.

$$\Delta x \cdot \Delta p \geq \frac{h}{2\pi} \tag{2.03}$$

Gewöhnlich wird daraus die Impulsänderung abgeleitet, was sehr unanschaulich ist. Deshalb wollen wir hier nach der Unschärfe des Ortes auflösen:

$$\Delta x \geq \frac{h}{2\pi \cdot \Delta p} \tag{2.04}$$

Dazu werden wir $h$ etwas umformen. Wir wissen, dass $h$ der Wirkung eines Elektrons entspricht. Einer Impulsänderung entspricht eine Energieänderung. Setzen wir:

$$h \cdot \Delta v = \frac{1}{2} \cdot m_e \Delta v^2 \rightarrow \quad h = \frac{1}{2} \cdot m_e \Delta v \Delta \lambda \tag{2.05}$$

Wenn wir in (2.04) *h* durch (2.05) ersetzen, erhalten wir :

$$\Delta x \geq \frac{\Delta \lambda}{4\pi} \tag{2.06}$$

Daraus können wir entnehmen, dass die Unschärfe proportional der Linienbreite im Spektrografen ist. Das bedeutet, dass je größer der Energieverlust der Strahlung ist, desto breiter wird eine Spektrallinie. Aber desto weiter verschiebt sich dann das Maximum der Linie in Richtung längerer Wellen, was einer Rotverschiebung des Spektrums entspricht. Das aber bedeutet, dass die Lichtgeschwindigkeit abnimmt.

Bei einer Kamera wird die Abbildung immer unschärfer, je höher die Geschwindigkeiten des Objektes quer zur Beobachtungsrichtung werden und je länger die eingestellte Belichtungszeit des Kameraverschlusses ist. Diese kann man nicht beliebig verkürzen, da für die Länge der Belichtungszeit auch die Lichtempfindlichkeit des Bildträgers ausschlaggebend ist .
So gibt es eine untere Grenze für die Wirkung auf einen Bildträger, der in diesem Fall vielleicht eine Nebelkammer ist. Nur wird in der Nebelkammer kein Elektron abgebildet, sondern eine Spur von Tröpfchen infolge der Ionisation der Umgebung entlang des vom Elektron zurückgelegten Weges. Die entstandenen Tröpfchen sind vielleicht 6 Größenordnungen größer als das Elektron. Da eine Elektronenspur wegen der hohen Geschwindigkeiten der Ladungen um den Atomkern herum nie scharf abgebildet werden kann, erfand man den Begriff Materiewelle, bzw. Wahrscheinlichkeitswelle. Heisenberg schreibt auf Seite 42 seiner *Geschichte der Quantentheorie* :

Hier besteht aber doch ein Unterschied zwischen der Unschärfe der Erfassung und Abbildung eines Objektes und seiner realen Position zu einem Zeitpunkt, den wir nicht kennen. Das „Ding an sich" ist nicht erkennbar, würde Immanuel Kant feststellen. Weiter schreibt Heisenberg:



Heisenberg ist von Einsteins symmetrischer Relativität ganz eingenommen und kommt zwangsläufig zu dem Schluss, dass im Mikrokosmos die Kausalität wegen der Symmetrie aufgehoben sei. Er notiert:



Nun werden Mikroeigenschaften an größere Systeme weitervererbt. Quantitäten nehmen zu, Qualitäten bleiben erhalten. Folglich dürfte es keine Kausalität im Erfahrungsbereich der Menschen geben, was natürlich nicht zutrifft.

Wie Materiewellen von Ladungsträgern aussehen, kann man im großen Maßstab an dem kosmischen Birkelandstrom studieren. Kann man umgedreht die Eigenschaft des Birkelandstroms auf die Ebene der Atome und der Elementarteilchen herunter skalieren?    Maxwells Gleichungen enthalten keine Beschränkungen.

Abb.10 zeigt das vereinfachte Schema einer solchen Welle. Die schwarze Linie zeigt den elektrischen Kraftvektor und die grünen Linien zeigen die magnetische Lorentzkraft. Die blaue Helix  ist die resultierende Bewegung und die rote Linie ist die Projektion dieser Bewegung in die Ausbreitungsebene. Die schwarze Linie wird auch als Wirbelachse bezeichnet. Wenn dieser Wirbelfaden nicht auf eine Phasengrenze stößt, bildet er nach Helmholtz einen

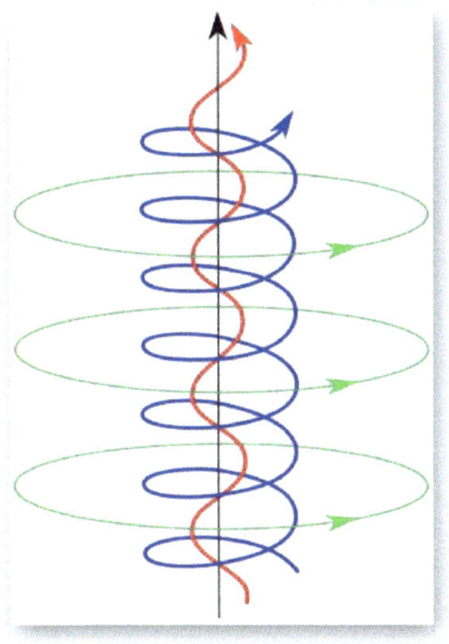

*Abb. 10: Helxixbahn  einer Ladung*

geschlossenen Ring aus, was die schwarze Wirbelachse in Abb.10 zu einem Vollkreis schließt.

In den Maxwellschen Gleichungen stellen wir diesen Umstand mit $rot\,\vec{E}$ dar. Die grüne Linie beschreiben wir dann mit $rot\,\vec{B}$.

Man unterscheidet je nach Drehmoment der Wirbelteilnehmer zwischen Potentialwirbeln und Festkörperwirbeln. Elektromagnetische Wirbel kennt man seit Leonard Euler[48]) als Festkörperwirbel. Das bedeutet, dass die Wirbelteilnehmer das gleiche Drehmoment wie der Wirbel selbst haben. Demnach hat die Elektronenbahn das gleiche Drehmoment wie das einzelne Elektron. Soll also eine Elektronenbahn bezüglich des Drehmoments ins Gleichgewicht kommen, bedarf es zweier kraftfreier Elektronen mit entgegengesetztem Drehmoment auf der untersten Schale. In der nächsthöheren Schale können vier kraftfreie Elektronenpaare geparkt werden. Diese Doppel-Helixbewegung zweier um den Atomkern kreisender Elektronen mit gegenläufigem magnetischen Moment erhielt die Bezeichnung *Orbital.* Die Entdeckung des später als Orbital bezeichneten Wirbelrings geht auf Louis de Broglie zurück, der dafür 1929 mit dem Nobelpreis geehrt wurde. Fälschlicherweise wird davon gesprochen, dass de Broglie die Wellennatur des Elektrons entdeckt hätte. Schließlich entdeckte Gabriele Veneziano 1968 am CERN, dass Elementarteilchen keine punktförmigen Gebilde sind, sondern dass sie sich wie Gummiringe strecken und zusammenziehen können. Nach Helmholtz muss sich ein Wirbelfaden, wenn er nicht auf eine Phasengrenze stößt, zu einem Wirbelring ausbilden, der sich durch die Lorenttzkraft verdrillt. Man ist dabei unwillkürlich an den Gummimotor aus der Kindheit erinnert.

Sowohl de Broglies und Venezianos Entdeckungen zusammengenommen haben so die Wirbelnatur einer elektrischen Ladung verifiziert, womit sich die Elektrodynamik Maxwells bis auf die

---

48   L. Euler – *Histoire de l'Acad. des Sciences* de Berlin (1755), p. 292

Ebene des Elektrons fortsetzt. Leider wurde dieser Schluss nicht gezogen, weil inzwischen  neue spekulative Theorien entwickelt wurden, die noch mehr Verwirrung stifteten, wie etwa die absurden Stringtheorien mit ihren multiplen Dimensionen.

## 2.7.3 Selbstähnlichkeit und Skalierung als Brücke zum Makrokosmos?

Den Gedanken der Selbstähnlichkeit  finden wir in der Physik zu Beginn des 20. Jahrhunderts nicht. Die mathematische Grundlage bildete die Infinitesimalrechnung mit ihren rektifizierbaren Funktionen. Eine Funktion muss rektifizierbar sein, damit man von ihr eine Ableitung bilden kann, was für die Bestimmung der Geschwindigkeit und der Beschleunigung unverzichtbar ist.

Doch an der physikalischen Phasengrenze endet die Rektifizierbarkeit. Dort hat jede Funktion einen Bruch. Benoît Mandelbrot führte für diese stückweise Rektifizierbarkeit den Begriff *Fraktal* ein. Als Fraktale gelten nicht nur gefaltete Kurvenstücke, sondern auch gefaltete Flächenstücke und durchlöcherte unregelmäßige Körper. Diese Gebilde sind in ihrer Struktur Zwischendinge zwischen Linien, Ebenen und euklidischen bzw. platonischen Körpern mit ganzzahliger Dimension, weshalb Mandelbrot ihnen gebrochene Dimensionen zuordnet. Eine gebrochene Dimension heißt Ähnlichkeits-Dimension. Sie ist das Verhältnis des Logarithmus von Anzahl der selbstähnlichen Teilstücke zum Verkleinerungsfaktor. Der Verkleinerungsfaktor ist dabei  nicht beschränkt, weshalb die Selbstähnlichkeit von Fraktalen über große Skalenbereiche erhalten bleibt. Das markanteste Beispiel ist die Mandelbrot-Menge, auch als Apfelmännchen bekannt. In seinem Buch *Die fraktale Geometrie der Natur* fasste er seine Erkenntnisse 1987 zusammen.[49])

Folglich gelten die meisten physikalischen Gesetze genau bis zur Phasengrenze. Nur wenige Gesetze scheinen über die Grenze einer physikalischen Phase hinaus zu gelten. Diese Gesetze nennen wir dann *skaleninvariant,* da sie selbstähnliche Strukturen hervorbringen.

Der Gedanke der Selbstähnlichkeit floss bei Rutherford in sein Atommodell ein, nämlich dass sich die Planetenbewegung und die Bewegung von Elektronen im Feld des Atomkerns ähnlich sein könnten. Der Zusammenhang von Struktur und physikalischer Gesetzmäßigkeit ist bisher wenig beachtet worden, da eine geeignete Geometrie fehlte. Außerdem passte Einsteins Definition des Inertialsystems nicht dazu. Das ändert sich jedoch, wenn man diese Definition an Newtons Gesetz anpasst. Trotzdem wurde dieser Gedanke verworfen, weil man die Molekülbindung nicht erklären konnte. Es gab also eine weitere Eigenschaft, die bei Keplers Planetenbewegung fehlte, aber auf kleineren Skalen deutlich hervortrat und das waren die elektromagnetischen Eigenschaften. Gravitation und Elektromagnetismus haben ihren Ursprung in den Ladungen der Elementarteilchen, wie sich aus den Messungen mit der Drehwaage des Cavendish ergeben.

Während die Gravitation aus den bipolaren Kräften der gebundenen Ladungen hervorgeht, werden die elektrischen Kräfte von den freien Oberflächenladungen verursacht. Wenn sich also das

---

49   B. Mandelbrot – *Die fraktale Geometrie der Natur*; Springer Basel (1987)

Verhältnis von Oberfläche zu Volumen zu Gunsten der Oberfläche in einem System verschiebt, treten die elektrischen Kräfte um so stärker hervor.

Auch wenn die Molekülbindung noch nicht erklärt werden konnte, war die Ähnlichkeit einiger Systemeigenschaften zwischen einem gravitativen und einem elektromagnetischen System nicht zu übersehen.

Der Unterschied zwischen diskret und kontinuierlich verschwindet bei entsprechender Skalierung. Das wird letztlich durch die Unschärfe der Beobachtung bestimmt. Das Gegenteil von optischer Unschärfe ist die Auflösung zweier Bildpunkte. Trotz aller Skalierung sind dieser Auflösung von Bildern physikalische Grenzen gesetzt, die nicht aus den Objekten selbst resultieren, sondern aus den Eigenschaften des Abbildungssystems. Das „Ding an sich", um mit Kant zu formulieren, bleibt in letzter Konsequenz geheimnisvoll und wegen unserer begrenzten Beobachtungsmittel schließen wir induktiv vermittels der Selbstähnlichkeit. Doch jeder induktive Schluss birgt die Gefahr des Irrtums in sich, weshalb Karl Popper den induktiven Schluss ganz abschaffen wollte[50]). Das wäre jedoch fatal für die Wissensentwicklung, aber er muss begrenzt werden.

---

50    K. Popper – *Logik der Forschung;*
      https://wuecampus2.uni-wuerzburg.de/moodle/pluginfile.php/1957809/
      mod_resource/content/1/Popper%20-%20Logik%20der%20Forschung.pdf

## 2.7.4 Das Spin-Rätsel

Der *Spin* ist wohl einer der rätselhaftesten Begriffe der Quantenmechanik. Jedem Elementarteilchen wird seit 1925 eine Spinquantenzahl zugewiesen.[51]) Auf dem Begriff des Spins baut die ganze Teilchenphysik auf. Jedoch kann der halbzahlige Spin weder anschaulich noch halb-klassisch durch eine Drehbewegung erklärt werden. Es wird behauptet, der Spin könne nur quantenmechanisch verstanden werden. Das nährt den Verdacht, dass selbst die Schöpfer der Quantenmechanik diese Theorie gar nicht verstanden haben?

Um Licht in das Dunkel vom Spin-Mythos zu bekommen, müssen wir schauen, woher er kam. Schon 1907 hatte Walter Ritz vermutet, dass mit dem planckschen Wirkungsquantum $h$ ein elementares Magneton $\mu$, ein Drehimpuls des Elektrons infolge des Bahndrehimpulses $L$ zusammenhängen müsse,[52])

$$\vec{\mu} \propto \frac{\vec{L}}{\hbar} \tag{2.07}$$

weil beim Studium von Lichtspektren sich im Magnetfeld zeigte, dass die Spektrallinien eine Feinstruktur haben. Jede Linie spaltet sich unter der Wirkung des Feldes in drei und mehrere Linien auf. Es müsse also noch ein Merkmal am Elektron vorhanden sein, dass erst unter Einfluss eines äußeren magnetischen Fel-

---


51  G. E. Uhlenbeck, S. Goudsmit: *Ersetzung der Hypothese vom unmechanischen Zwang durch eine Forderung bezüglich des inneren Verhaltens jedes einzelnen Elektrons*. In: *Naturwissenschaften*. Band 13, Nr. 47, 1925, S. 953–954,

52  St. T. Keith, P. Quédec: *Magnetism and Magnetic Materials: The Magneton*. In: Lillian Hoddeson, Ernest Braun, Jürgen Teichmann, Spencer Weart (Hrsg.): *Out of the Crystal Maze*. Oxford University Press, Oxford 1992,

des sichtbar wird. Man hatte nicht bedacht, dass elektrische Wirbel Festkörperwirbel sind.

Das von Max Borns Assistent Otto Stern 1921 an der Universität Frankfurt konzipierte und mit dem Assistent Walther Gerlach 1922 durchgeführte Experiment schickte Silberatome durch ein inhomogenes Magnetfeld[53]). Da Elektronen selbst ein Magnetfeld haben, erfahren sie in dem inhomogenen Magnetfeld eine Kraft und werden abgelenkt. Klassisch erwartet man nun, dass die Achsen der kleinen Magnete in beliebige Raumrichtungen zeigen können und die Atome beim Auftreffen auf einen Schirm einen ganzen Bereich ausfüllen.

In Wirklichkeit jedoch wurden nur zwei Banden beobachtet, so als ob es nur zwei Einstellmöglichkeiten gäbe. Nach der damaligen Vorstellung eines Potentialwirbels, dass nämlich Bahndrehimpuls und Eigendrehimpuls verschieden seien, ergab sich folgende Interpretation: *Da Silberatome nur ein einzelnes Valenzelektron in einer s-Unterschale und deswegen keinen Bahndrehimpuls und somit auch kein dadurch verursachtes magnetisches Moment haben, bleibt nur die Möglichkeit, dass die Elektronen selbst einen "Eigendrehimpuls" und ein damit verbundenes magnetisches Moment haben.* Das gilt für Potentialwirbel. Hier wirkte noch Rutherfords Idee eines Planetensystems.
Jedoch wurde nicht beachtet, dass ein elektromagnetisches Feld keinen Potentialwirbel produziert, sondern nach Euler einen

---

53    W. Gerlach, O. Stern - *Der experimentelle Nachweis des magnetischen Moments des Silberatoms*, Zeitschrift für Physik, 8, 110-111 (1921), kostenpflichtig: https://link.springer.com/article/10.1007%2FBF01329580

Festkörper-Wirbel, wie z.B. das System Erde-Mond. Folglich hat das Elektron das gleiche Drehmoment wie die Elektronenbahn und in der s-Schale ist ein „ungesättigtes" Orbital vorhanden. Die Formel (2.07) muss also lauten $\vec{\mu} = \vec{L}$!

Ein weiterer elektromagnetischer Effekt ist der Einstein-De-Haas-Effekt, der schon 1915 entdeckt wurde. Innerhalb einer strom-durchflossenen Spule hängt ein Eisenkern. Der Stromfluss er-zeugt ein  mechanisches Moment, das man nachweisen kann. Man folgerte, dass Elektronen wie drehbare bipolare Elementar-magnete agieren müssen.

Nur besteht ein Elementarmagnet aus einem elektrischen und ei-nem magnetischen Wirbel und ein Elektron ist keine Kugel und kein zusammengesetztes Dipolfeld, sondern ist ein elektrischer Stromwirbel von variabler unbekannter Ausdehnung, wie Gabrie-le Veneziano allerdings  erst 1968[54] aus den Kollisionsdaten der Elementarteilen vom CERN folgerte. Es gibt offensichtlich rechts und links drehende Elektronenwirbel, die sich im Magnetfeld aus-richten.  Das ist auch die Ursache dafür, dass sich die Drehim-pulse zweier Elektronen in einer Doppelhelix  oder einem Orbital aufheben. Wäre das nicht so, wäre es absolut unverständlich, dass gleichartige Ladungen sich im Stromfluss zusammenzie-hen.

Das  magnetische Moment einmal abgeleitet nach Bohr und zum anderen als mechanisches Moment  nach Einstein lieferte den bemerkenswerten Unterschied von genau ½. Da Schpolski[55] vermerkte, dass es sich bei der Torsion der Probe im Magnetfeld

54   G. Veneziano: *Construction of a crossing-symmetric, Regge-behaved amplitude for linearly rising trajectories*. In: *Nuovo Cimento A*, 57, 1968, S. 190–197

55   E.W. Schpolski – *Atomphysik II;* https://www.amazon.de/Atomphysik-II-Eduard-W-Schpolski/dp/3326000820

beim Einstein-De-Haas-Effekt um eine halbe Drehung handelte und die Ableitung des Bohrschen Magnetons mit einer ganzen Drehung berechnet wurde, keimt in mir der Verdacht, dass das bei dem Vergleich der theoretischen Ableitung des Bohrschen Mag-netons und der Originalarbeit von Einstein-De-Haas[56]) nicht berücksichtigt wurde. Einstein gab eine zehnprozentige Abweichung vom vorausberechneten Wert an. Das Experiment wurde in den folgenden 10 Jahren durch de Haas und andere Forscher mit verbesserten Aufbauten mehrfach wiederholt. Die Ergebnisse streuten mit einer Häufung bei etwa dem Doppelten des ursprünglichen Ergebnisses von Einstein und de Haas.[57]) [58]), was meinen Verdacht bestätigte. Doch das hatte keine Auswirkung auf die Theorie.

Der Faktor ½ bekam den Namen Spin, obwohl sich im Nachhinein um ein Missverständnis zwischen Bohr und Einstein handelte, sondern aus den unterschiedlichen Berechnungsgrundlagen für das Moment folgte. Schpolski schreibt in seiner *Atomphysik Bd.II* §197 dazu:

> *»Die Vorstellung vom Elektronenspin und die damit verbundenen Eigenarten wurden als Hypothese eingeführt. In der Folge zeigte sich jedoch, dass die Existenz des Spins und alle seine Eigenschaften aus der Dirac-Gleichung der Quantenmechanik, die den Forderungen der Relativitätstheorie gerecht wird, hervorgehen.«*

---

56  A. Einstein, W. J. de Haas, *Experimenteller Nachweis der Ampereschen Molekularströme*, Deutsche Physikalische Gesellschaft, Verhandlungen **17**, pp. 152–170 (1915);
https://archive.org/stream/verhandlungen00goog#page/n167/mode/2up

57  Emil Beck: *Zum Experimentellen Nachweis der Ampereschen Molekularströme* In: *Annalen der Physik* Bd. 60, 1919, S. 109–148

58  Peter Galison: *Theoretical predisposition in experimental physics: Einstein and the gyromagnetic experiments 1915-1925*. In: *Historical Studies in the Physical Sciences*. Band 12, Nr. 2, 1982, S. 285—323,

Das ist zweifellos ein Irrtum, da der Spin von ½ in die Dirac-Gleichung  als Voraussetzung eingegeben wurde. Es handelt sich um vier gekoppelte Differentialgleichungen für jede Koordinate in der Raumzeit. Aus einem Modell kann man nicht mehr Wissen herausholen, als man hineingesteckt hat.  Statt die  Idee mit dem Spin zu revidieren, ist man inzwischen bemüht, dem Spin Eigenschaften eines magnetischen Momentes zuzuschreiben, was die Sache eher verwirrender macht.

Das Problem mit dem zusätzlichen Spin wirkt sich wenig auf die Theorie der Elektronenhülle aus, dafür aber katastrophal auf die Teilchenphysik, da man ihn zur Einteilung der Elementarteilchen nutzt. Da Teilchenphysiker nicht zwischen Potentialwirbeln und Festkörperwirbeln unterscheiden können, haben sie ihm Erhaltungseigenschaften angedichtet, was dazu führte, dass Wolfgang Pauli wegen der Spinerhaltung[59]) ein künstliches Teilchen erfunden hat.

In Wahrheit geht es um die Ausgleichung des Bahndrehimpuls, die die Besetzung der Orbitals mit zwei entgegengesetzt drehenden Elektronen veranlasst, was die Molekülbindung erklärt.


## 2.7.5 Das mysteriöse Neutrino


Trotz aller Anstrengungen haben die Teilchenphysiker bei ihren Hochenergieversuchen in den letzten 100 Jahren keine neuen Elementarteilchen gefunden, die wenigstens einen Anschein von Stabilität aufweisen. Selbst das 1921 entdeckte Neutron erwies sich als instabil, wenn es auch im Mittel alle anderen „Teilchen" um mehr als sechs Größenordnungen bis zu Minuten überlebt.

---

59   Jörg Rings – *Wie Wolfgang Pauli das Neutrino vorschlug* ;
     https://scienceblogs.de/diaxs-rake/2009/02/28/wie-wolfgang-pauli-das-neutrino-vorschlug/

Wenn man einen elektrischen oder magnetischen Wirbel zu zerstören versucht, bilden sich neue Wirbel, die sich innerhalb kürzester Zeit wieder zu ihrer Grundstruktur firmieren.

Das hat Teilchenphysiker aber nicht davon abgehalten, einen ganzen Teilchenzoo auf der Basis des irrationalen Spins zu erfinden. Sie teilen die Grundbausteine der Materie in *Fermionen* mit dem Spin 1/2 und *Bosonen* mit dem Spin 1 ein. Während sie zu den *Fermionen* das Elektron und das Proton zählen, sollen die *Bosonen*, zu denen auch das Lichtquant (das Photon) gezählt wird, die Kräfte tragen. Nach Newton ist die Kraft als das Produkt aus Masse und Beschleunigung. Ein Photon ist im Verständnis der klassischen Physik ein Impuls, kein Teilchen.

Teilchenphysiker teilen die Fermionen weiter ohne jede experimentelle Grundlage in *Quarks* und *Leptonen* ein. Die Quarks sind theoretische Konstrukte, aus denen Neutronen und Protonen bestehen sollen. Dabei ist befremdlich, dass von den Fermionen nur die Leptonen beobachtbar sind, wozu Teilchenphysiker 6 Arten zählen, 3 Arten von Elektronenzuständen einschließlich dreier Neutrino-Arten.
Das *Neutrino* wurde 1930 von Wolfgang Pauli als ein ladungsneutrales Teilchen vorgeschlagen, weil man im Emissionsspektrum der Elektronenenergie beim radioaktiven Zerfall eines Atoms eine konstante Energieabgabe erwartete und der Formalismus der Quantenmechanik die Spinerhaltung forderte. Wenn die Existenz des Spins jedoch auf einem Experimentierfehler be-

ruht, existiert in der Natur  kein Spin und folglich gibt es auch keine Notwendigkeit für die Existenz eines Neutrinos.


Auf Grund des Verhältnisses von Massenzahl zu Ladung vermutete Rutherford schon 1920, dass im Atomkern ein zweites Teilchen sein müsste, ungefähr so schwer wie das Proton, aber ohne elektrische Ladung. Er nannte dieses Teilchen *Neutron*. Dieses Teilchen wurden erst 1932 durch seinen Assistenten James Chadwick entdeckt, als dieser Beryllium mittels Alphastrahlen beschoss und hinter einer starken Bleiplatte eine intensive Strahlung fand. Manche der  Alphateilchen reagierten mit $^9Be$ zu $^{12}C$ und einem Teilchen, was sich von Blei nicht abschirmen ließ.

Doch das entdeckte Neutron hat nur eine mittlere Lebensdauer von etwa 879 Sekunden.  Dann zerfällt es in die beiden stabilen Teilchen Elektron und Proton. Nun kommt aber seit Pauli noch ein Neutrino hinzu. Das Neutrino sollte zwar der Spinerhaltung dienen, aber als Teilchen müsste es wenigsten eine Masse haben. Das war aber problematisch und wenn das Neutron außerhalb des Kerns instabil ist, warum soll es innerhalb des Atomkerns stabil sein?  Die Beantwortung dieser Frage wollen wir noch etwas aufschieben. Bleiben wir  vorerst bei dem Neutrino.


E. W. Schpolski[60]) erklärt in seiner *Atomphysik Bd.II*, dass die Versuche und die Berechnungen ergaben, dass ein hypothetisches Neutrino nicht mehr als ein Elektronenpaar pro 500 km Luftweg ionisiert.  Das bedeutet aber, dass der Nachweis experimentell nicht möglich ist, weil niemand garantieren kann, dass

---

60    E. W. Schpolski - *Atomphysik BdII §288 Das Neutrino;* Deutscher Verlag der Wissenschaften Berlin 1962; https://www.antikvarium.hu/konyv/e-w-schpolski-atomphysik-i-ii-699821

auf dem langen Weg nicht irgend ein anderer radioaktiver Zerfall passieren kann. Nach Johnson[61]) wäre die Energie, die auf ein Neutrino überginge, so gering, dass sie nicht einmal für ein Ionenpaar ausreichen würde. Für Stickstoff ist die Ionisationsenergie 14 eV. Da Johnsons Angaben bis auf ein Zehntel eV genau sind, ist die Existenz von Neutrinos im Atomkern unmöglich. Die behauptete Ruheenergie des Neutrinos ist laut WIKIPEDIA kleiner  als 2,2 eV. Das reicht nicht aus, um ein einziges Atom in einem Detektor zu ionisieren.

Trotzdem will man in den Laboratori Nazionali del Gran Sasso 1400 m tief in den Abruzzen etwa 10 Neutrinos pro Tag nachgewiesen haben. Der Nachweis der Neutrinos soll über Neutrino-Elektron-Streuung in einem 300 Tonnen schweren unsegmentierten Flüssigszintillator erfolgt sein. Seit Mai 2007 werden mit dem Szintillator namens BOREXINO Daten erfasst. Mit diesem Detektor will man direkt solare Neutrinos aus dem Einfang von

Elektronen in  dem radioaktiven Isotop  $^7Be$ mit einer Halbwertszeit von 53 Tagen  und einem Ionisationspotential von 9,3 eV (!) nachgewiesen haben. Wer mal mit einem Szintillator Atomzerfälle registriert hat, kann sich nicht vorstellen, wie  man da etwas finden kann, das ein Neutrino sein soll, weil sich diese verstärkten Signale überlagern müssten und allein der Verstärkereffekt birgt genügend Anlass zu Fehlinterpretationen des Hintergrundes. Aber die Kosten für ein solches Experiment könnten nicht gerechtfertigt werden, wenn es negativ ausginge.

---

61   C. W. Johnson – *Neutrinos Do Not Exist;*
     https://www.academia.edu/7934543/Neutrinos_Do_Not_Exist

## 2.8 Fazit

So produzierte man *alternative* Fakten, schon bevor dieser Begriff erfunden wurde und diese blieben nicht die einzigen, wie wir in den kommenden Kapiteln noch sehen werden.

Was in der Mathematik zum Standard gehört, ist der Beweis von mathematischen Sätzen. Der Unterschied zwischen Mathematik und Physik besteht darin, dass Mathematik eine geistige Wissenschaft und Physik die Modellierung natürlicher Bewegungen im Geiste ist. Modelle sind aber nicht identisch mit der Wirklichkeit. Das ist der Grund, warum Karl Popper sagt, dass man naturwissenschaftliche Theorien nicht beweisen kann nur falsifizieren.

Trotzdem ist die mathematische Beweispraxis in die moderne Physik zum Beweis ihrer Theorien übernommen  zu einem wichtigen Geschäft geworden.

# 3 Dynamische Strukturen und Stigmergie

*Dynamische Strukturen zeichnen sich durch Anordnung und Verbindungen zwischen ihren elementaren Teile aus.*
*Diesen losen Verbund nennen wir Stigmergie.*

Während die Theorien der modernen Physik maximal für die Unterhaltungsindustrie geeignet sind, basieren die Errungenschaften unserer Technik hauptsächlich auf den physikalischen Erkenntnissen des 19. Jahrhunderts. Vergessen wir also zunächst alle Theorien der modernen Physik, die seit Einstein erfunden wurden, und fragen uns, welche dynamischen Strukturen uns in der Natur begegnen.

πάντα ῥεῖ sagt Heraklit von Ephesus, „Alles fließt" und alles dreht sich, symbolisiert durch das achtgliedrige Dharma-Rad des Buddhismus. Dieses über zweitausendjährige Wissen gilt auch heute noch.

*Rotation* und *Translation* bestimmen alle dynamischen Strukturen in der Welt unabhängig von unserer Betrachtungsweise und unserem Beobachtungsort. Dabei kann man die Translation als einen Ausschnitt aus einer Rotation mit einem  vergleichsweise sehr großen Radius um ein Kraftzentrum auffassen.

Eine dynamische Struktur entsteht stets durch das kollektive Zusammenwirken von Einzelteilen, die wir mit einiger Zuverlässigkeit gegenwärtig auf Skalen von $10^{22}$ bis $10^{-12}$ Meter, von der Galaxie bis zum Elementarteilchen, erfassen können. Für das kollektive Zusammenwirkten von Atomen bis Sonnen gibt es derzeit nur eine schlüssige Erklärung. Es sind die interagierenden Kräfte zwischen den strukturbildenden Mitgliedern. Dadurch entsteht eine indirekte Koordination der Mitglieder durch ihre Nachbarn. Dieses Verhalten nennen wir *Stigmergie*. Der Begriff stammt von den griechischen Wörtern Stigma (στιγμα) für Markierung und Ergon (εργον) für Arbeit ab.

**Die Abgrenzung der Stigmergie zur Organisation besteht in dem gänzlichen Fehlen eines Zweckes bzw. eines Zieles.**

Organisationen finden wir erst auf der Stufe der Entwicklung dynamischer belebter Systeme, die sich mit eigenen Zielen der Selbstorganisation gegen die Ziele einer Fremdorganisation abgrenzen. Organisation setzt ein gewisses Maß an Systembewusstsein voraus, um zwischen innen und außen bzw. selbst und fremd unterscheiden zu können. Erst auf dieser Stufe kommt die Dialektik ins Spiel. Nicht jede Bewegung ist auch dialektisch, wie Friedrich Engels in seiner *Dialektik der Natur* meinte.

Natur wäre nicht Natur, wenn sie außer dem Zusammenhalt nicht auch Brüche an ihren Phasenübergängen zwischen verschiedenen Stoffeigenschaften und Aggregatzuständen hätte. Doch an Phasenübergängen versagt die Infinitesimalrechnung.

**Die Brüche an den Phasenübergängen wurden bisher in der Physik nicht richtig ernst genommen.**

Ein einmal erfolgreiches Prinzip wendet die Natur auf allen Skalen immer wieder an. So finden wir überall selbstähnliche fraktale, also gebrochene Strukturen. Auch unsere Gedanken folgen dem Prinzip der Selbstähnlichkeit, wenn wir den induktiven Schluss zur Generierung von neuem Wissen anwenden. Ich möchte an dieser Stelle an den großartigen Mathematiker Benoît Mandelbrot erinnern, dessen Ideen die Mathematik des 20. Jahrhunderts nachhaltig geprägt haben. Bisher haben seine Ideen noch keinen Eingang in die Physik gefunden, diese werden aber sicher in den kommenden Jahren im Zusammenhang mit der

Stigmergie noch größere Bedeutung gewinnen. Die Natur wird von den Prinzipien der fraktalen Geometrie beherrscht, wovon hier ein einfaches Beispiel dargestellt werden soll.

## 3.1 Ideen aus der Fraktalen Geometrie

Der Infinitesimalrechnung liegt die Idee zugrunde, dass eine glatte und stetige Kurve durch immer kleinere Kurvenabschnitte angenähert werden kann und der Wert dieser Näherung gegen einen festen Grenzwert tendiert, was wir als Konvergenz bezeichnen. Die gesamte Physik bedient sich des Werkzeugs der Infinitesimalrechnung und bildet ihre Gesetze letztlich in Polynomen und konvergierenden mathematischen Potenzreihen ab, um sie im Computer darstellen zu können.

Wir haben jedoch bei der Brownschen Bewegung gesehen, dass die Infinitesimalrechnung zum ersten Mal bei einer Berechnung versagt, weil die Bewegungen keine regelmäßigen glatten Linien erzeugen, wie wir es von der euklidischen Geometrie gewohnt sind. Die Natur bietet bei genauerem Hinsehen selten glatte Linien und Flächen, die durch stetige differenzierbare Funktionen beschrieben werden können.

In Wirklichkeit ist die Oberfläche aller realen Körper aufgrund der körnigen Struktur der Materie rau, und makroskopisch sichtbare Strukturen werden auf niederen Skalen oft wiederholt. Welche Konsequenzen dies hat, wollen wir untersuchen, indem wir die Länge der Küstenlinie einer Insel zu bestimmen versuchen.

Es ist ein Beispiel für das Messproblem, das Geophysiker haben. Es ist völlig klar, dass die Länge einer Linie der Abstand zwischen einem Anfangs- und einem Endpunkt einer Geraden ist. Da eine Küstenlinie wie auch eine Brownsche Bewegungslinie keine Gerade ist, sondern sich als ein sehr unregelmäßig gebrochene Linie erweist, müssen wir sie durch gerade Messlinienstücke annähern. Normalerweise sagt uns die Integralrechnung theoretisch: Das Bahnintegral als Grenzwert ist dann die Länge der Küstenlinie oder der Bewegungslinie. In der Praxis hängt die Länge einer Küstenlinie jedoch von der Wahl der geraden Messstreckenabschnitte ab. Wegen ihrer Rauheit nähert sich eine Küstenlinie keinem Grenzwert an, sondern wir finden auf kleinerem Maßstab wieder ähnliche Strukturen, die unser Messergebnis vergrößern.

Der Grund ist, dass wir bei der Infinitesimalrechnung nicht den Maßstab unserer Betrachtung berücksichtigt haben. Sobald wir nämlich in das Bild von unserer Insel hineinzoomen, werden neue ähnliche Strukturen sichtbar, die uns bisher verborgen waren. Wir stellen fest, dass das Messergebnis ziemlich willkürlich und die Küstenlinie nicht rektifizierbar ist. Lewis Fray Richardson hat 1961 für viele Küstenlinien eine Beziehung mit zwei Konstanten gefunden [62].

$$L(\Delta s) \sim \lambda \cdot \Delta s^{1-D} \tag{3.01}$$

Um die Bedeutung dieser Beziehung zu verstehen, müssen wir uns eine selbstähnliche nirgends differenzierbare künstliche Kurve anschauen, die der schwedischen Mathematiker *Helge von*

---

62  L. F. Richardson – *The Problem of Contiguity: an appendix of statistics of deadly quarrels* in General Systems Yearbooks 6 pp. 139-197

*Koch* schon 1904 vorgestellt hat. Die Koch-Kurve stellt ein Fraktal dar, deren Länge man direkt bestimmen kann. Diese Kurve wird durch eine Iteration folgendermaßen beschrieben:

Zunächst sei eine Strecke mit vorgegebener Länge gegeben (Generator). Dann entfernt man das mittlere Drittel der Strecke und errichtet darüber ein gleichseitiges Dreieck mit der Länge der entfernten Strecke (Iterator), das ein Drittel der ursprünglichen Länge ist. Die Kurve verlängert sich dadurch um vier Drittel. Im nächsten Schritt wird der Iterator auf jeden der vier entstandenen Streckenabschnitte angewandt. Diese Iteration wird nun beliebig oft wiederholt. Dann verkürzt sich $\Delta s$ immer weiter, aber die Anzahl nimmt immer weiter zu und damit auch ihre Gesamtlänge. Daraus ergeben sich zwei Parameter $N = 4$ und $\varepsilon = 3$ für die Kochkurve.

Bei der Koch-Kurve ist die Länge über Richardsons Beziehung berechenbar zu

$$L(\Delta s) = \Delta s^{1-D} \quad \text{mit dem Faktor} \quad D = -\frac{\log N}{\log \varepsilon} \qquad (3.02)$$

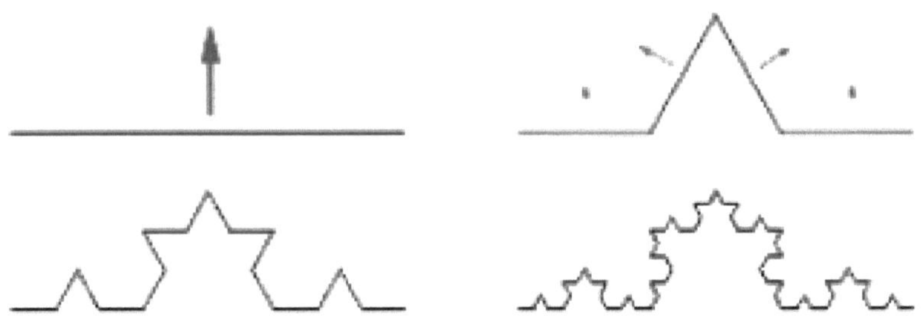

*Abb. 11: Kochkurve*

Wenn die Länge der ursprüngliche Strecke $a$ ist und nach jedem Iterationsschritt $n$ die Kurvenlänge also um den Faktor $\left(\dfrac{4}{3}\right)^n$ angewachsen ist, beträgt die Länge der Kurve $a \cdot \left(\dfrac{4}{3}\right)^n$ und für $n \to \infty$ folgt

$$\lim_{n \to \infty} \left(\dfrac{4}{3}\right)^n \to \infty \tag{3.03}$$

Nun verbinden wir drei Strecken der Länge $a$ miteinander zu einem gleichschenkligen Dreieck und wenden den Koch-Algorithmus auf alle drei Seiten an. Wenn wir nun nach dem Flächeninhalt der Kochschen Schneeflocke fragen, sehen wir sofort, dass dieser nicht über alle Grenzen wachsen kann.

Der Flächeninhalt ergibt sich, indem man das Dreifache des Flächeninhalts unterhalb der Koch-Kurve zum Flächeninhalt des gleichseitigen Dreiecks addiert. Der genaue Wert ist hier nicht von Interesse, da die Rechnung unter dem Stichwort Kochsche Schneeflocken leicht gefunden werden kann. Es ist das Verhältnis von Umfang zu eingeschlossener Fläche bzw. Oberfläche zu Volumen, was für selbstähnliche Fraktale hier in Beziehung zu freier Oberflächenladung zu gebundener Ladung der Gravitation von Bedeutung ist. Mit dem Wissen von Abschnitt 2.2 können wir nun schlussfolgern:

**Die freie Oberflächenladung kann infolge der fraktalen Natur von Oberflächen die volumenbasierte Gravitation gewaltig übersteigen.**

Diese Erkenntnis ist von fundamentaler Bedeutung, denn sie erklärt, warum die elektrischen Eigenschaften des Plasmas über weite Strecken des Kosmos vorherrschend sind  und es keine Gravitationsmonster wie schwarze Löcher geben kann.

Es handelt sich hier um den gleichen Effekt, warum tonnenschwere Wolken am Himmel bleiben und sich erst nach ihrer Entladung abregnen. Es erklärt Staubexplosionen und macht auch Stern-Novae im Kosmos verständlicher.

## 3.2 Eine Anwendung der fraktalen Geometrie - Kymatik

Unsere physikalische Welt ist in vier mit unterschiedlicher Entropie ausgestattete Phasen eingeteilt, nämlich in Festkörper, Flüssigkeiten, Gase und Plasmen, die wir über die Versuche zur Zusammenführung von Relativitätstheorie und Quantenmechanik zur Quantengravitation vergessen zu haben scheinen.
Diese Phasen bilden an ihren Grenzen Strukturen aus, geometrische Fraktale,  und sie prägen ganz entscheidend unser Verständnis von der Welt. Wir sollten zur Kenntnis nehmen, dass wir in einem geometrisch fraktalen Kosmos leben, in dem die Masse $M$ über das überschaubare Kugelvolumen infolge ihrer fraktalen Gliederung nicht gleichmäßig verteilt ist.  Schon 1965 dachte Mandelbrot über ein fraktales Modell des Kosmos nach.

Die Dichte $\rho$ eines idealisierten physikalischen Objektes, wie des Kosmos mit dem Radius $R$, ist proportional zu $\rho \cdot R^D$. Für die Dimensionen $D = 1, 2, 3$ sind die Proportionalitätsfaktoren für das Volumen 2, 2π und 4π/3. Nach Mandelbrot gilt die Beziehung $M(R) \propto R^D$ auch für selbstähnliche Fraktale mit dem Radius $R$ und der Richardson-Dimension $D < 3$.

Doch allein damit kam er nicht weit, aber mit seinem „Apfelmännchen" wies er den Weg. Um selbstähnliche skaleninvariante Strukturen zu erzeugen, bedarf es zusätzlich einer gestaltenden Funktion, die immer wieder iterativ angewendet wird, also eines iterativen Algorithmus, wie wir ihn ähnlich schon bei der Konstruktion der Koch-Linie beschrieben haben. Im Falle der auf dem Buchcover dargestellten Mandelbrot-Menge ist es die Menge aller komplexen Zahlen c, für welche die durch

$$z_0 = 0 \quad \text{und} \quad z_{n+1} = z_n^2 + c$$

rekursiv definierte Folge beschränkt wird. Erinnern wir uns an die Struktur der Küstenlinie und die Richardson-Dimension und fragen uns: Was ist die gestaltende Kraft, die diese Linie formt? Es ist die Kraft der Wellen, die feste Massen transportieren.

Bewegte Massen besitzen einen Energieinhalt und diese Energie verteilt sich über Schwingungen infolge der Stigmergie in den Massen über die gesamte Materie. Da unsere Welt aber in Phasen fraktal gegliedert ist, ist die Massendichte sehr unterschiedlich verteilt und da Teilchen träge sind, sammeln sie sich in den Wellenknoten an. So erzeugen Wellen geometrische Muster an Phasengrenzen.

Wie verbinden wir dann den Grad der Komplexität dieser geometrischen Muster, die wir in der Natur beobachten, mit einem qualitativen Zustand des Objekts?

**Wir suchen also eine rekursive dreidimensionale Wellenfunktion, die wir iterativ auf jeden Punkt eines Ausschnitts des Kosmos anwenden können, um eine Menge zu erzeugen, die ein Modell dieses Ausschnitts liefert. Dazu müssten wir die komplexen Zahlen so verallgemeinern, dass wir damit anstelle einer Ebene einen Raum füllen können.**

Der Schweizer Wissenschaftler Hans Jenny[63], Ernst Chladni folgend, zeigte, dass je höher die Frequenz ist, mit der ein Medium schwingt, desto komplexer das geometrische Muster auf seiner Oberfläche wird. Er begründete damit ein neues Forschungsgebiet für die Visualisierung von Klängen und Wellen, was er als Kymatik bezeichnete. Kymatik ist vom griechischen Wort für Welle abgeleitet. Die Kymatik beschäftigt sich mit den geometrischen Figuren, die durch Klänge und Wellen angeregt werden.

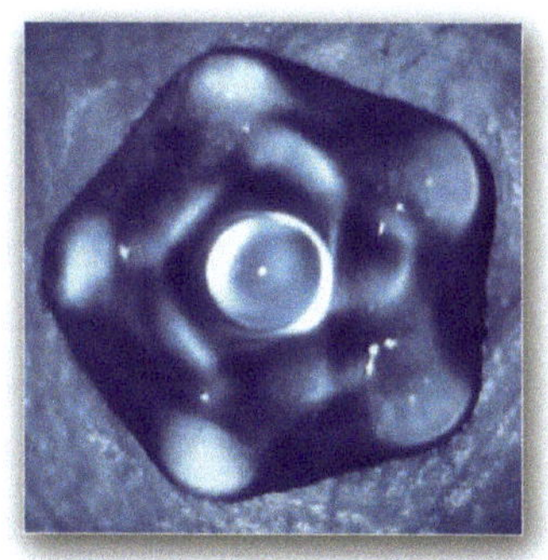

*Abb. 12: Chladnische Klangfigur eines Wassertropfens*

Wird ein Wassertropfen mit einer Frequenz zwischen 30 und 120 Hertz in Schwingung versetzt, können in Abhängigkeit von Temperatur, Luftdruck, chemischen Zusätzen und vielen anderen Faktoren geometrisch strukturierte, plastische Schwingungsformen entstehen. Aus der starren mechanischen Auf- und Abwärtsbewegung der Trägerplatte macht das Wasser eine rhythmisch schwingende Be-

---

63  H. Jenny - *Kymatik. Wellenphänomene und Schwingungen.* AT, 2009, ISBN 3-03800-458-8.

wegung. Betrachten wir die Abbildung 12, dann fällt auf, dass wir die sechseckige Struktur über die Schneeflocke bis hinunter zum Wassermolekül im Flüssigkristall verfolgen können.

Auch wenn eine dünne, mit feinem Sand bestreute Metallplatte von unten her im Mittelpunkt in Schwingung versetzt wird, erzeugt diese durch die starke Vibration an der Oberfläche Schwingungsbäuche wo der Sand weggeschleudert wird. So sammelt er sich entlang der Knotenlinien.

Wenn akustische Schwingungen Figuren erzeugen können, kann man daraus schließen, dass elektromagnetische Schwingungen auch Schwingungsbilder erzeugen können. Das geschieht tatsächlich. Die magnetischen Feldlinien, die wir mittels Eisenfeilspänen

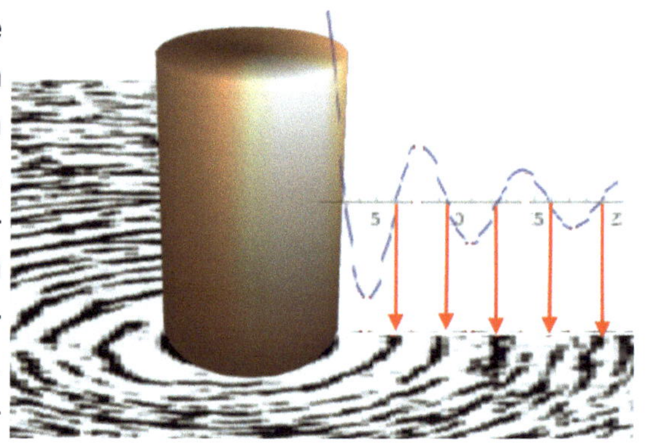

*Abb. 13: Magnetische Feldlinien durch Besselfunktion angenähert*

sichtbar machen können, sind nämlich nichts anderes als die Schwingungsknoten elektromagnetischer Wellen. Donald Scott[64] hat herausgefunden, dass sich die Hohlzylinder eines Magnetfeldes gegenläufig drehen. Dann müssen sich die Eisenfeilspäne zwangsläufig in den Schwingungsknoten der Besselfunktion ansammeln und nicht, wie bisher angenommen auf ihren Scheitelpunkten. Die formende Eigenschaft der Besselfunktion werden wir unter Abschnitt 4.4 ausführlicher besprechen.

---

64  D. Scott - *Birkeland Currents: A Force-Free Field-Aligned Model;*
    http://www.ptep-online.com/2015/PP-41-13.PDF

## 3.3 Aerosole als natürliche Basisstrukturen

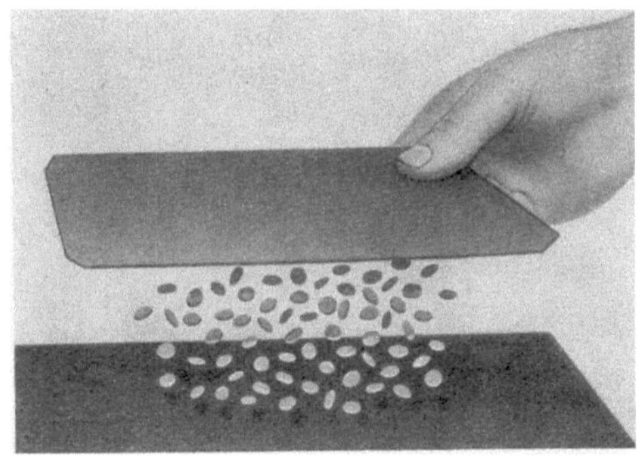

*Abb.14: Konfetti-Tanz im elektrischen Feld*

Als Aerosol bezeichnen wir eine Suspension von feinen Feststoffpartikeln oder Flüssigkeitströpfchen in Luft oder einem anderen Gas. Aerosolkörner (fest oder flüssig) können als selbstähnliche Fraktale mit kleinem Volumen aber großer Oberfläche verstanden werden. Die Folge ist, dass die freie Elektrizität an der Oberfläche die gebundene Elektrizität in Form der Schwerkraft bei weitem übersteigt. Aerosole sind also elektrostatisch aufgeladen. Deshalb sinken sie im Erdfeld nicht zu Boden, sondern schweben in der Luft. Aufgrund ihrer Selbstähnlichkeit können ihre Abmessungen um Größenordnungen variieren. Die sie umgebende Feldstärke ist entscheidend für ihr Verhalten. So können wir den kosmischen Staub auch als Aerosol sehen.

An dieser Stelle erinnere ich mich an ein Experiment aus meiner Kindheit, das ich mit meinem Elektrobaukasten durchführen konnte. Dazu streuen wir die Konfetti-Schnipsel auf die Tischplatte, reiben eine Decelith-Platte mit einem Seidentuch ab und halten diese dann über die Schnipsel. Zwischen Tischplatte und Decelith-Platte beginnen die Konfetti-Schnipsel einen schwungvollen Tanz. Abb.14 erinnert an die Brownsche Bewegung in einem Wasserbad. Diese Bewegung scheint völlig chaotisch zu sein.

Sobald Energie  einem Aerosolschwarm zugeführt wird, werden die Bewegungen nach Prigogines Theorem neu geordnet, wenn die Entropieänderung des offenen Gesamtsystems unter Null bleibt. Dieses Verhalten beobachten wir beim Rauch einer Zigarre, beim Dampf über einer Teetasse oder bei Wolkenbildung am Himmel. Überall begegnen uns fraktale Strukturen in der Dynamik eines Aerosolschwarms.

*Abb.15: Dampf über Teetasse*
*Foto: G. Pollack*

Wasser tritt nicht als einzelne Moleküle aus der Oberfläche in die Luft ein. Was wir als weißen Dampf aufsteigen sehen, sind Tröpfchen von mindestens 1µm Durchmesser, damit man sie überhaupt sehen kann. Wenn der Radius eines Wassermoleküls 0,3nm ist, dann haben in einem Nebeltröpfchen etwa 40 Milliarden Wassermoleküle Platz und auf seiner Oberfläche etwa 8 Millionen freie Ladungsträger.

Da Coulombs elektrische Kraft theoretisch jedoch $2,4 \times 10^{39}$ mal stärker als Newtons Schwerkraft ist, genügen im Prinzip schon wenige freie Ladungsträger auf dem Nebeltröpfchen, damit es sich aus  der gleichartig geladenen Oberfläche der Teetasse erhebt. Über das Verhalten von Wasserdampf findet man mehr in Gerald Pollacks Buch *Wasser – viel mehr als $H_2O$.*[65]

---

65   G. Pollack - *Wasser - viel mehr als $H_2O$;*
      https://www.amazon.de/Wasser-Bahnbrechende-Entdeckung-unbekannte-
      Lebenselements/dp/3867311587?
      asin=3867311587&revisionId=&format=4&depth=1

## 3.4 Wirbel als Basiselemente der Fluiddynamik

Als Junge war ich immer fasziniert von den Rauchringen, die mein Zigarre rauchender Großvater von Zeit zu Zeit zur Unterhaltung in die Luft blies und ich fragte: *Wieso bleiben die über eine bestimmte Zeit stabil?* Er konnte mir die Frage nicht beantworten.

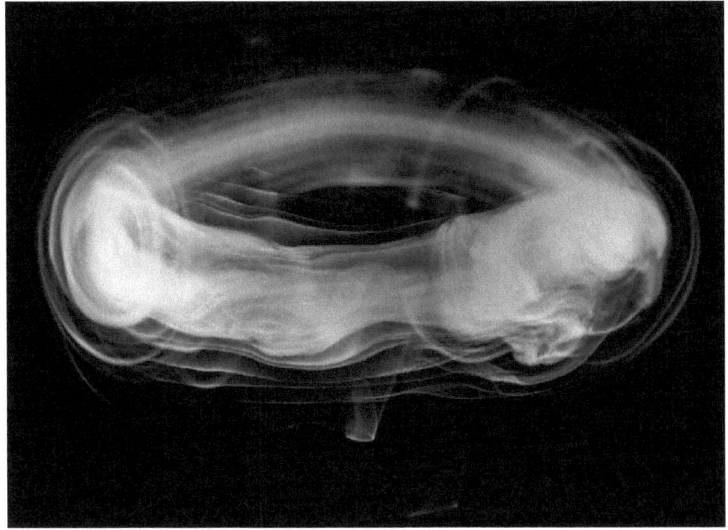

*Abb.16: Rauchring - Foto: Tobias Tschepe*

Heute habe ich einen Begriff dafür, *Stigmergie*. In der Strömungslehre wird diese Eigenschaft mit der Reynols-Zahl charakterisiert. Bei einer kritischen Geschwindigkeit schlägt eine laminare Strömung in eine verwirbelte Strömung um, weil die Kräfte senkrecht zur Strömungsrichtung zunehmen. Hohe Fließgeschwindigkeiten führen immer zu Verwirbelung. Doch warum?

Wenn wir den Rauchring betrachten, so können wir ihn mit einem Donut-förmigen Torus beschreiben, der aus zwei senkrecht aufeinander stehenden Bewegungen entsteht, die man bequem in eine Ebene transformieren kann. Diese Bewegung ist dann in Abhängigkeit vom Radius des Torus darstellbar.

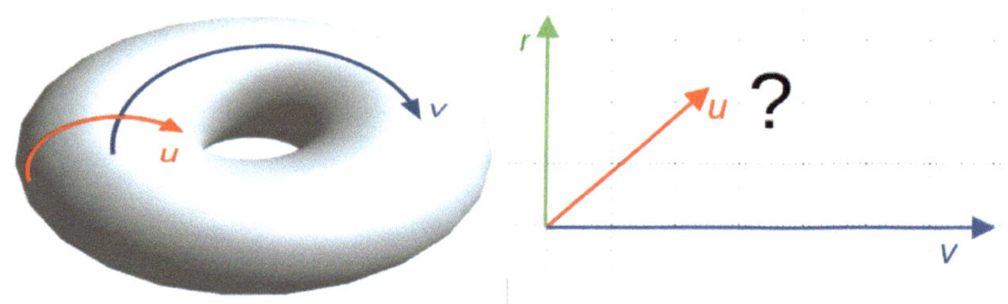


*Abb. 17: Torus-Transformation*

Nicht nur aerodynamischen Strömen, sondern auch elektrischen Strömen, die mit der Geschwindigkeit $v$ fließen,  widerfährt eine Kraft, die in der mechanischen Strömungslehre durch die *Viskosität* beschrieben wird und  die in der Elektrizitätslehre als *Lorentzkraft* bezeichnet wird, die jeden Strom senkrecht mit der Geschwindigkeit $u$ ablenkt und der Bewegung  jedes freien Stromes eine Helixform gibt. Als mathematische Beschreibungsmöglichkeit dieser Bewegung bieten sich komplexe Zahlen an. Mit Rücksicht auf die Allgemeinverständlichkeit werden wir hier jedoch darauf verzichten. Mancher mag auch eine Anknüpfung an die Wellenfunktion der Quantenmechanik erkennen, obwohl die Behandlung mit dem dort gewählten mathematischen Formalismus dann doch auf Kosten der Anschaulichkeit geht.

Wenn Aerosolteilchen durch äußere Kräfte in Bewegung gesetzt werden, geschieht das geordnet, dank der stigmergischen Kräfte, die zwischen den einzelnen Teilchen existieren und der Abgabe von Entropie an die Umgebung. Mit Viskosität kann man stabile Wirbel erklären, nicht aber die Auflösung einer Wirbelstruktur. Die fraktale Natur der materiellen Phasen führt nicht nur zu Potentialunterschieden elektrischer Ladungen zwischen diesen, sondern auch zu unterschiedlichen Beschleunigungen innerhalb von Aerosolströmen, die wiederum mechanisch beschrieben werden. Dafür gibt es Spezialliteratur.


Nun schneiden wir einen Wirbelring auf und betrachten seinen Querschnitt, den eigentlichen Wirbel. Die Erscheinungsformen der Wirbel sind sehr vielfältig in Abhängigkeit davon, ob sie stationär $v = 0$ sind oder sich fortbewegen und ihre Form ändern. Trotzdem gibt es zwei Grundtypen für $u$.

Da ist zuerst der *Potentialwirbel*, in dessen Zentrum die Winkelgeschwindigkeit der Strömung $\vec{\Omega} = (0, 0, ar^{-2})$ mit $\vec{r} = (x, y, 0)$ am höchsten ist.

Die Teilchengeschwindigkeit $\vec{u} = \vec{\Omega} \times \vec{r} = (-ayr^{-2}, axr^{-2}, 0)$ ist umgekehrt proportional zum Abstand $r$ von der Achse. Dann würde sich ein Teilchen in diesem Wirbel nicht um sich selbst drehen. Es würde die gleiche Orientierung beibehalten, während es sich im Kreis um die Wirbelachse bewegt. In diesem Fall ist die Winkelgeschwindigkeit $\vec{\omega} = rot\,\vec{u} = 0$ an jedem Punkt außerhalb dieser Achse null. Das bedeutet, dass sich die Teilchen selbst nicht drehen. Bezogen auf das Wirbelzentrum ist ihre Drehgeschwindigkeit entgegengesetzt gleich groß der Wirbeldrehgeschwindigkeit

In solchen Wirbeln sind die stigmergischen Kräfte zwischen den Teilchen gering. Ein Beobachter, der auf einem Teilchen sitzt,

beobachtet, dass das Wirbelzentrum um den Beobachter kreist. Das Zentrum selbst bleibt frei von Teilchen.
Ein Beispiel für einen Potentialwirbel ist der Tornado, der sich als ein Wolkenwirbel darstellt. Das Auge des Tornados ist frei von Wolken.

Das Gegenstück dazu ist der *Festkörperwirbel,* bei dem sich die einzelnen Teilchen alle mit der gleichen Winkelgeschwindigkeit $\vec{\Omega}=(0,0,\Omega)$ um ihre Achse drehen. Rotiert der Wirbel wie ein starrer Körper – ist also die Drehwinkelgeschwindigkeit $\Omega$ gleichmäßig, so dass $\vec{u}=\vec{\Omega}\times\vec{r}$ proportional zum Abstand $r$ von der Achse zunimmt – würde sich auch ein von der Strömung getragenes Teilchen um dessen Mittelpunkt drehen, als ob es Teil dieses starren Körpers wäre. In einer solchen Strömung ist die Turbulenz $\vec{\omega}=rot\,\vec{u}=2\vec{\Omega}$ überall gleich: Ihre Richtung ist parallel zur Rotationsachse und ihr Betrag ist gleich der doppelten gleichmäßigen Winkelgeschwindigkeit $\Omega$ des Fluids um das Rotationszentrum.
Ein Beobachter, der auf einem Teilchen sitzt, blickt immer auf ein fixes Wirbelzentrum. Das setzt einen starken Zusammenhalt zwischen den Teilchen voraus, denn die größten Umfangsgeschwindigkeiten befinden sich am Wirbelrand, wo die Fliehkräfte am größten sind.
Hermann von Helmholtz, der 1858 seine Wirbeltheorie veröffentlichte, wies darauf hin, dass bereits Leonhard Euler[66] 1755 darauf aufmerksam machte, dass magnetische Wirbel sich wie Festkörperwirbel verhalten.

---

66  L. Euler - *Histoire de l'Acad. des Sciences* de Berlin. An 1755 p.202.

Eine Mischform ist der Rankine-Wirbel, der im Innenbereich einem Festkörperwirbel entspricht und der im Außenbereich sich einem Potentialwirbel annähert.

Wenn wir bisher stets von oben auf das Rotationszentrum geblickt haben, so haben wir die dritte Raumdimension vernachlässigt. Ein Wirbel hat eine Wirbelachse, um die er einen Wirbelfaden bildet. Hermann von Helmholtz prägte in seiner mathematisch begründeten Wirbeltheorie von 1858 einen bemerkenswerten Satz über diese Wirbelfäden.

**Wirbelfäden müssen in sich zurücklaufen oder an einer Phasengrenze enden.**

Das sagt aber, dass alle Wirbelfäden, die nicht auf eine Phasengrenze treffen, Wirbelringe ausprägen, wie diese Rauchringe von meinem Großvater.

So erweisen sich Wirbelfäden und Wirbelringe als Bindeglieder der Dynamik im Makro- und Mikrokosmos. In den nächsten Kapiteln werden wir auf allen Skalen immer wieder diese Wirbelfäden und Wirbelringe als selbstähnliche Fraktale antreffen.

# 4 Die Helixstruktur eines Wirbelfadens

*Bewegung ist keine eigenständige Realität. Es gehört immer eine Masse dazu. Folglich kann Energie auch nicht in Masse umgewandelt werden.*

Wenn wir die Dynamik von hochenergetischen Massenströmen in offenen Systemen betrachten, dann schauen wir auf ein ziemlich kleines annähernd geradliniges Bogenstück aus einem vergleichsweise großen Wirbelring oder Stromkreis. Der Stromkreis ist im Verhältnis zum induzierten Magnetwirbelring so groß, dass wir die Krümmung am Ort der Betrachtung in der Regel vernachlässigen können. Zwischen Eingang und Ausgang des Systems setzen wir eine Potentialdifferenz voraus, damit eine Dynamik überhaupt in Gang kommt. Die Potentialdifferenz erzeugt eine Kraft, durch die Ladungen beschleunigt werden. Ladungen werden gewöhnlich von Protonen und Elektronen getragen, deren Mengen unzählbar sind. Eine beschleunigte Ladung erzeugt eine zur Bewegungsrichtung senkrecht stehende Kraft, die wir als Lorentzkraft bezeichnen. Eine dritte Kraft wirkt auf parallel verlaufende Ströme, die diese zusammendrücken. Man nennt sie Pinchkraft. Wenn sich Massen durch ein solches Feld bewegen, erfolgt das mit minimaler Energie. Minimale Energie bedeutet aber, die Bewegung erfolgt mit konstanter Geschwindigkeit kraftlos. In dem oben geschilderten Kraftfeld muss sich ein geladener Körper dann auf einer Helixbahn bewegen.

Dieses Phänomen wurde zuerst von Kristian Birkeland an den Polarlichtern im Ausgang des 19. Jahrhunderts beobachtet. Durch Messungen mittels Raumsonden in den sechzigern des 20. Jahrhunderts wurde das bestätigt, weshalb diese Ströme ihm zu Ehren Birkeland-Ströme genannt wurden.

Unser analytisches Denken hat diese beiden Komponenten der Bewegung (die Rotation und die Translation) für das mechanische Verständnis auseinander genommen. Wir haben folglich auch zwei Arten von Kräften, das Drehmoment und die translatorische Kraft.

In der Elektrodynamik werden die beiden Bewegungskomponenten über die Lorentzkraft wieder zusammengeführt. Betrachtet man die Projektion dieser Bewegung in der $(r,z)$-Ebene der Zylinderkoordinaten, erhält man aus der Schraubenbewegung eine Wellenbewegung. Die grundlegende Theorie zum Wellenverhalten von Materie wurde von Louis-Victor de Broglie 1924 in seiner Dissertation erarbeitet, wofür er 1929 den Nobelpreis für Physik erhielt. Sie ist aber eine zweidimensionale Theorie.

Er hat offensichtlich vergessen, dass die Wellenbewegung in einer Projektionsebene in Wahrheit eine Schraubenbewegung im Raum ist. Erwin Schrödinger entwickelte aus dieser Projektion 1926 die Wellengleichung der Quantenmechanik. Die Projektion der Bewegung senkrecht zur Wirbelachse in der $(r,\varphi)$-Ebene liefert das Rotationsbild wie es Descartes und Newton erstmals beschrieben.

Es ist erstaunlich, wie die mechanische und die elektrische Betrachtungsweise in Konkurrenz mit einander gerieten und spätestens als klar wurden, dass die Sonne mit dem Planetensystem ihre Bahn in unserer Heimatgalaxie zieht, hätte das zu einem Umdenken führen müssen.

Maxwells Theorie kam zu Beginn des 20. Jahrhunderts in Bedrängnis, als klar wurde, dass Elektronen nicht unter allen

Umständen bei Bewegung Energie abstrahlten, nämlich wenn sie auf kräftefreien Bahnen um den Atomkern kreisten und Energie nur in bestimmten Beträgen abgaben, wenn sie auf eine energetisch niedrigere Bahn wechselten.  Das war der Anlass, die Quantentheorie zu entwickeln.

Als aber die ersten Satelliten ab 1957 in den Erdorbit geschossen wurden, kreisten diese ebenso kräftefrei um ein Kraftzentrum. Doch um darin einen gleichartigen Effekt zu sehen, war es zu spät. Während Maxwells Gleichungen in der klassischen Vorstellung sagten, dass jede Bewegung von Ladung elektromagnetische Strahlung erzeugt, trifft das offensichtlich nur für negative Beschleunigung zu. Ganz offensichtlich wird das bei der Bremsstrahlung von Elektronenstrahlen.

Maxwells Gleichungen beschreiben die Energieverteilung eines Schwingkreises im Raum. Sie beschreiben diese als eine ineinander verkettete selbstähnliche kraftfreie Wirbelstruktur, die mittels Ladung einen Impuls weitergibt. Doch sie beschreiben weder den Empfänger noch den Stromfluss von massiven Körpern. Insofern zeugt das Ansinnen, dieses Gleichungssystem  mittels einer projektiven Transformation, wie sie die Lorentztransformation darstellt, symmetrisieren zu wollen, von einem kaum zu überbietenden physikalischen Unverständnis.

Jede Dynamik ist asymmetrisch und das spiegelt sich in der Art der Verkettung dieser Differenzialgleichungen wider. Das macht ihre Handhabung in der klassischen Mathematik so schwierig. Eine algorithmische Beschreibung einer Zelle in Abhängigkeit von ihrer Umgebung wäre da hilfreicher. Abb.18 illustriert den Vorgang. Die verteilte Energie, also die Entropie ist Quelle eines elektrischen Feldes, was auf ein Atom im Vakuum wirkt, das wiederum Entropie an seine Nachbarn abgibt, ohne dass eine Wirkung bei der Übertragung zu spüren wäre, da sich dabei die

Übertragungsgeschwindigkeit nicht ändert. Sobald die Welle auf eine Phasengrenze trifft, ändert sich die Übertragungsgeschwindigkeit und die Wirkung des Impulses entfaltet sich.

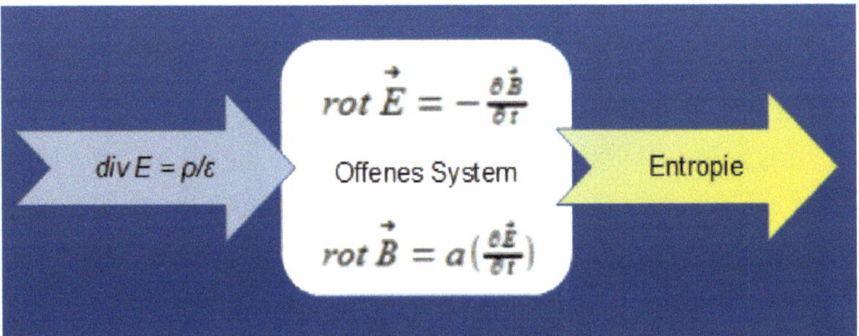


*Abb.18: Darstellung der Maxwell-Gleichungen als offenes System*

Während Einsteins Beziehung zwischen Energie und Masse die generelle Verteilung der Energie beschreibt, hat Maxwell die Art und Weise der Verteilung beschrieben. Er gab jedoch keine Einschränkungen für den gültigen Frequenzbereich an. Folglich gelten seine Gleichungen von den kürzesten Wellen, den *Gamma*-Strahlen über das sichtbare Licht bis zur Wärmestrahlung und den Radiowellen, kurz gesagt über das gesamte elektromagnetische Spektrum.

Das Gebiet der Wärmestrahlung und natürlich auch der statistischen Mechanik umfasst die Thermodynamik. Insofern ist der Streit um die Vorherrschaft der mechanischen Eigenschaften des Kosmos nur ein Liliputanischer Disput.[67] Die Dynamik umfasst sowohl die Disziplinen der Mechanik als auch der Elektro- und Thermodynamik innerhalb der vier Phasen der Materie. Während

---

67  Die Liliputaner kämpfen gegen die Blefuskaner wegen Streitigkeiten darüber, von welcher Seite sie das Ei brechen sollen. - Aus Jonathan Swifts Roman Gullivers Reisen

der Blick der klassischen Mechanik ziemlich eingeschränkt auf massiven Körpern ruht, sind die Thermo- und Elektrodynamik die Disziplinen, die über alle Phasen der Materie ihre Gültigkeit ausdehnen.

## 4.1 Zu Newtons Dynamik massiver Teilchen im Kosmos

Unter massiven Teilchenfluss verstehen wir Teilchen, die im Gegensatz zu einem reinen Elektronenfluss in einem Draht, Protonen enthalten. Im allgemeinen halten wir wägbare Massen für elektrisch neutral, weil wir uns auf das Erdpotential beziehen, das wir als Nullpotential definieren. Das stimmt aber nicht. Das Erdpotential ist negativ und die Änderung der Feldstärke ist in Bodennähe etwa 140 V/m. Diese Spannung resultiert aus der Gravitation und den freien Oberflächen-Ladungen. Oberflächen-Ladungen werden aus dem natürlichen radioaktiven Zerfall der Elemente gespeist. Die positive Ionosphäre, die in 2000 km Höhe vom Sonnenwind gespeist wird, reicht bis in 60 km Höhe über der Erdoberfläche. Bei der Betrachtung der Mechanik von Massen müssen wir uns bewusst machen, in welchem Verhältnis die gebundenen Ladungen zu den freien Oberflächen-Ladungen stehen. Ich erinnere daran, dass wir im Kapitel über die fraktale Geometrie gelernt haben, dass Oberflächen im Verhältnis zum Volumen bei Aerosolen sehr groß sein können.

Da unsere Welt aus negativ und positiv geladenen Elementarteilchen besteht, verstehen wir die Gravitation in der Tradition des aufgeklärten 19. Jahrhunderts als eine elektrostatische Kraft, die unsere Erde mit ihrer Erdbeschleunigung auf eine andere gebundene Ladung ausübt. Bei gebundenen Ladungen überwiegen immer die Anziehungskräfte, da die Ladungsträger stets Dipole ausbilden. Wir beschreiben diese Dynamik mit den Mitteln der Mechanik unter Vernachlässigung der Ladungen. Anders verhalten sich freie Ladungsträger und dort verwenden wir die Elektrodynamik. Wir unterscheiden die Elektrodynamik der Elektronen in einem Festkörper, wo wir die wägbaren Massen vernachlässigen können von der Galvanik bzw. der Dynamik eines Plasmas, wo wir die wägbaren Massen berücksichtigen müssen.

Haben Sie sich nie gefragt, warum Isaac Newtons Apfel wieder zur Erde fällt, aber der Mond am Himmel bleibt? Nun, unsere Raketen bekommen einen entsprechenden Startimpuls, damit sie die Umlaufbahn erreichen. Aber woher stammt der Startimpuls all der Himmelskörper, die da umeinander kreisen? Das soll die eindimensionale Gravitation eines Isaac Newton richten?

Trotzdem war es eine großartige Leistung, die Kraft $F_r$ zu finden, die eine große Masse $M$ auf eine kleine Masse $m$ im Abstand $r$ ausübt, aufbauend auf den Keplerschen Bewegungsgesetzen der Planeten, die auf Tycho Brahes Beobachtungen beruhen. In einem großen Abstand gilt

$$F_r \propto \frac{M \cdot m}{r^2} \tag{4.01}$$

Wir verwenden hier die Relation proportional „ $\square \propto \square$ " anstelle des Gleichheitszeichens, um die Konstanten nicht ständig mit schreiben zu müssen. Doch hat die empirisch im Beobachtungsrahmen abgeleitete Beziehung aber einen gewaltigen Schönheitsfehler, um als ein allgemeines Gesetz gelten zu können. Sie hat bei $r = 0$ eine Singularität, was bedeuten würde, dass wenn man sich die Masse $M$ in einem Punkt konzentriert vorstellt, wie das in der Punktmechanik üblich ist, das Potential über alle Grenzen wachsen würde, was gleichbedeutend mit einem hypothetischen schwarzen Loch wäre. Das gibt es in der Natur nicht. Masse hat ein Volumen. Man kann nicht alle Masse in einem Punkt konzentrieren, also muss man mathematisch dafür Vorkehrungen treffen, dass Massen nicht mit Lichtgeschwindigkeit ineinander stürzen.

Zunächst müssen wir Newtons Gesetz erst einmal in Zylinderkoordinaten setzen. Dann verlegen wir die große Masse $M$ entsprechend ihrer Trägheit in den Ursprung ($z = 0$ ; $r = 0$) und $m$ kreist im Abstand $\vec{r}$ um $M$. Nach Einstein nennen wir das ein *Inertialsystem.* Dann ist in diesem Koordinatensystem eine zum Zentrum gerichtete anziehende Kraft negativ und eine abstoßende Kraft positiv. Wir müssen Newtons Gesetz als eine zweidimensionale Relation folglich so schreiben:

$$\vec{F}_r \propto -\frac{M \cdot m}{r^2} \vec{e}_r \qquad (4.02)$$

wo $e_r$ der Einheitsvektor des Radius ist. Dabei ist zu beachten, dass Newtons Gesetz eine Idealisierung der wahren Verhältnisse darstellt. Da der Sonnenradius gegenüber den Abständen der Planeten sehr klein ist  (*Sonnenradius zu Abstand Erde Sonne:* 0,46%), kann man beide Massen als Punktmassen auffassen. Doch schon bei Merkur und Venus hat man leichte Abweichungen beobachtet. Für Merkur ist das Verhältnis des Sonnenradius zur Entfernung des Merkur schon 1,2%. Deshalb hat Wilhelm Weber eine Korrektur vorgenommen und durch einen Begrenzer erweitert:

$$\vec{F}_r \propto -\frac{M \cdot m}{r^2}\left(1 - \frac{v_r^2}{c^2}\right)\vec{e} \qquad (4.03)$$

Der soll verhindern, dass die beiden Punktladungen bei beliebiger Annäherung eine Kraft erzeugen, die über alle Maßen wächst. Schließlich fügte er noch einen Term hinzu, die 2. Ableitung des Radius nach der Zeit, also eine Radialbeschleunigung $b_r$.

$$\vec{F}_r \propto -\frac{M \cdot m}{r^2}\left(1 - \frac{v_r^2}{c^2} + \frac{2r}{c^2}\cdot b_r\right)\vec{e}_r \qquad (4.04)$$

Die Radialbeschleunigung bestimmt die Exzentrizität der Ellipse und ist für die Periheldrehung verantwortlich. In diesen beiden Erweiterungen sah Wilhelm Weber die Grundlage dafür, dass sich das Gravitationsgesetz aller wägbaren Körper als Folge des elektrischen Grundgesetzes ergibt und er hob die Bedeutung der Bestätigung dieser Annahme für die gesamte Physik hervor.[68])

Felix Tisserand[69]), ein französischer Astronom, hatte bei Merkur und Venus Abweichungen im Perihel gefunden, die diesen Faktor erklären könnten. Er gab eine Abweichung von $\delta = +13.65''$ pro Jahrhundert an und für die Venus $\delta = +2.86''$. Die aktuelle Prognose der Periheldrehung für Merkur ist $\delta = +42''$. Erst Paul Gerber[70]) gelang es 1898, die Formel für die Periheldrehung voll-

---

68  W. Weber - *Elektrodynamische Maassbestimmung insbesondere über den Zusammenhang des elektrodynamischen Grundgesetzes mit dem Gravitationsgesetz* in Webers Werke Bd. IV S. 481

69  F. Tisserand - *Sur le mouvement des planètes autour du Soleil d'après la loi électrodynamique* de Weber. *Compt. rend. 1872. Sept. 30.*

70  P. Gerber - *Die räumliche und zeitliche Ausbreitung der Gravitation.* in Stargard in Pommern, 1898. http://bourabai.narod.ru/articles/gerber/gerber.htm

ständig abzuleiten. Gerbers Formel für die Periheldrehung war formal bereits identisch mit der später von Einstein aufgestellten Gleichung. Paul Marmet bestätigte Gerbers Ableitung ohne Relativitätstheorie nur mit dem Satz von der Erhaltung von Masse und Energie[71]), der bei Einsteins Relativitätsprinzip keine Rolle spielte.

Ein Rätsel ergibt sich aus der Annahme, dass die Newtonsche Relation einen Potentialwirbel beschreiben soll, aus dem das Planetensystem entstanden sein soll. Wenn wir für das Planetensystem einen Potentialwirbel annehmen wollen, passen die beobachteten Eigenrotationen nur bei Jupiter und Saturn zu unserer Annahme. Der Charakter eines Festkörperwirbels nimmt innerhalb der Jupiterbahn zu. Zwischen Jupiter und Mars könnten die Scherkräfte für große Planeten zu groß geworden sein, um in einem Potentialwirbel zu existieren.

| Planet | Distanz in AE | Orbitale Geschwindigkeit in km/s | Selbstrotation bezogen auf die Sonne in km/s |
|---|---|---|---|
| Merkur | 0,39 | 47,40 | 0,00 |
| Venus | 0,72 | 35,20 | 0,00 |
| Erde | 1,00 | 29,80 | 0,46 |
| Mars | 1,52 | 24,10 | 0,25 |
| Jupiter | 5,20 | 13,60 | 12,38 |
| Saturn | 9,53 | 9,68 | 9,53 |
| Uranus | 19,33 | 6,81 | 2,55 |
| Neptun | 30,00 | 5,43 | 2,69 |

*Tabelle 1*

Merkur und Venus zeigen deutlich Rotationseigenschaften, die auf einen Festkörperwirbel hindeuten, während Erde und Mars

---

71   P. Marmet *Einsteins Relativitätstheorie kontra klassische Mechanik* Vol. V
      *Berechnung der Drehung des Perihels von Merkur.*
      https://www.newtonphysics.on.ca/einstein/relativitaet05.pdf  und
      https://www.newtonphysics.on.ca/mercury/merkur_v2.pdf

sich in einer Übergangsphase zwischen beiden Wirbelarten bewegen. Dagegen zeigt Jupiter und die äußeren Planeten die Eigenschaften eines Potentialwirbels. Insgesamt weist das Planetensystem Eigenschaften eines Rankine-Wirbels auf.
Siehe Tabelle 1. Die letzte Spalte gibt die scheinbare Geschwindigkeit an, mit der die Sonne über den Himmel des entsprechenden Planeten zieht.

## 4.2 Ist die Galaxie ein Festkörperwirbel und was treibt sie an?

Eine Galaxie ist nach der Lehrmeinung eine durch Gravitation gebundene große Ansammlung von Sternen, Planetensystemen, Gasnebeln, Staubwolken, Dunkler Materie und sonstigen astronomischen Objekten mit einer Gesamtmasse von typischerweise $10^9$ bis $10^{13}$ Sonnenmassen.

Das Problem ist, dass die gemessenen Rotationsgeschwindigkeiten über den Radius der Galaxie nicht mit einem Potentialwirbel nach Kepler und Newton korrespondieren. Es fehlt ihnen die Masse, um solche Rotationsprofile zu generieren. Statt sich jedoch auf die Physik zu besinnen, nehmen Astrophysiker Anleihen bei der Phantasie. Selbst ein Halo exotischer *Dunkler Materie* reicht ihnen nicht. Neueste akademische Studien gehen davon aus, dass sich im Zentrum jeder Galaxie ein super-massereiches *Schwarzes Loch* befände, das signifikant an der Entstehung der Galaxie beteiligt sein sollte, obwohl Schwarze Löcher Massen schlucken und verdichten sollen.

*Abb.19: Galaxie - Phantasie und Wirklichkeit*

So sollen Galaxien aus riesigen Wasserstoffwolken entstanden sein, deren Zentren zu super-massereichen Schwarzen Löchern kollabiert wären.

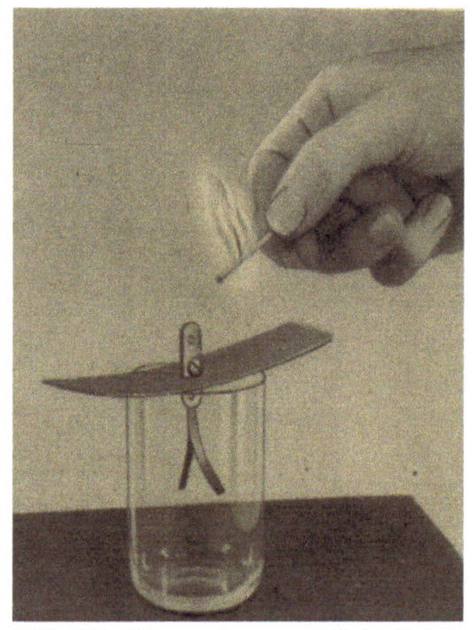

*Abb.20: Feuer leitet Elektrizität*

Das klingt alles sehr geheimnisvoll und ungewöhnlich. Es ist Stoff zum Träumen, hat aber mit physikalischem Wissen nichts zu tun. Wenn wir die Darstellung eines schwarzen Loches mit einer realen Galaxie vergleichen, finden wir im Zentrum einer Galaxie mehr Licht als in ihren Randgebieten. Aber was bedeutet Licht im Zentrum einer Galaxie?

Es gibt ein ganz einfaches Experiment, um diese Frage zu beantworten, dass ich schon als Junge von 12 Jahren durchgeführt habe. Aus zwei Aluminiumstreifen und einer Haltevorrichtung habe ich mir ein Elektroskop gebaut, wie Abb.20 zeigt.

Mit einer Decelith-Tafel, die ich vorher mit einem Seidentuch gerieben hatte, habe ich das Elektroskop aufgeladen, was an der Spreizung der Alustreifen sichtbar wurde. Sobald ich mit einer Flamme mich dem Elektroskop näherte, beobachtete ich, wie die Alustreifen zusammenfielen. Folglich müssen heiße Gase Elektrizität ableiten. Warum sollte dieses Experiment nur unter irdischen Bedingungen funktionieren. Im Gegenteil, Materie im Plasmazustand, wie sie sich als Feuer präsentiert, besteht aus freien Ladungsträgern. Das Leuchten ist die Folge ihrer Rekombination. Es gibt keinen Grund, diese Tatsache in Galaxien anzuzweifeln, auch wenn der prominente Astrophysiker Stephen Hawking der Meinung war, dass die Gravitation die Struktur des Weltalls geprägt hätte.

Nein, meine jugendlichen Experimente haben mich davon überzeugt, dass es die freien Ladungen im Gravitationsfeld der gebundenen Ladungen sind, die die Struktur des Kosmos nachhaltig prägen. Erst recht nicht eine Gravitation, wie sie Albert Einstein verstand, als eine Kraft, die sich aus der Singularität einer mathematischen Gleichung ergibt, die keinen Bezug zur Realität hat, sondern seiner reinen Phantasie entsprang und lediglich das Bedürfnis der Leute nach Ungewöhnlichem und Mystischem befriedigt.

Doch wenden wir uns wieder der Realität zu und betrachten wir die größten sichtbaren dynamischen Strukturen des Kosmos. Inzwischen gibt es das *Sloan Digital Sky Survey* Projekt (SDSS), das sich zum Ziel gesetzt hat, den gesamten sichtbaren Himmel zu kartieren[72]). Die Datenbank steht jedem Interessenten zur Verfügung. In einem Projekt mit dem Ziel, die Galaxien nach der Hubble-Systematik zu klassifizieren, habe ich gelernt, dass nicht die äußere Form ausschlaggebend für ihre Klassifizierung ist, sondern das Lichtspektrum, das eine Galaxie aussendet. Aus den Wasserstoffanteilen ergeben sich drei Klassen von Galaxien: junge aktive Galaxien, ausgereifte und alte Galaxien mit nur wenig Wasserstoff.

So ist bei Spiralgalaxien der Anteil an atomarem Wasserstoff und ionisierten Gase, wie Sauerstoff oder Stickstoff sehr hoch, während bei den meisten strukturlosen Galaxien der Anteil dieser Gase sehr stark reduziert ist. Ich berichtete darüber in meinem Buch *Moderne Astrophysik trifft auf Ingenieurwissenschaften*[73]). Aus dieser Tatsache können wir ableiten, dass mit dem in Abschnitt 3.3 gesagten eine Spiralgalaxie, ganz besonders die Balkenspiralgalaxie, als ein Festkörperwirbel aufgefasst werden kann. Ein Festkörperwirbel muss jedoch durch eine innere Kraft wie ein Motor angetrieben werden. Sobald die innere Kraft nicht mehr vorhanden ist, wird er sich auflösen und in einen Potentialwirbel übergehen.

Was wird wohl diesen Motor antreiben? Die Spektren der SDSS-Datenbank sagen, dass es der Wasserstoff sein muss, der den elektrischen Strom für die Magnetfelder erzeugt, um die Galaxie anzutreiben. Das wird Thema des fünften Kapitels sein.

---

72  https://www.sdss.org/
73  M. Hüfner – *Moderne Astrophysik trifft auf Ingenieurwissenschaften*
    *https://www.bod.de/buchshop/catalogsearch/result/?*
    *q=Moderne+Astrophysik+trifft+auf+Ingenieurwissenschaften*

Nun wollen wir uns ansehen, wie aus Newtons Gravitationsgleichung ohne Zauberei und zusätzliche exotische kosmische Phantasien sich das Geschwindigkeitsprofil einer Spiralgalaxie ergibt.

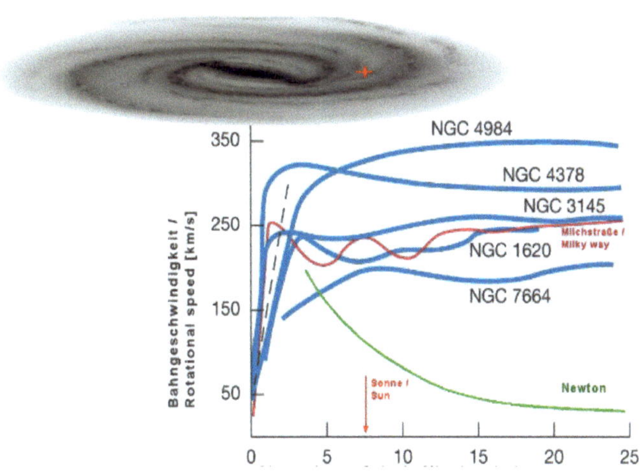


*Abb.21: Rotationsgeschwindigkeit von Galaxien nach Folz & Eckardt*
*https://www.atomicprecision.com/Numerical/Paper238b-de.pdf*

Abb.21 zeigt die Rotationsgeschwindigkeiten von Spiralgalaxien als Funktion der Entfernung vom Zentrum (blaue und rote Kurve). Zum Vergleich zeigt die grüne Kurve die Geschwindigkeitsverteilung, die sich bei einem Potentialwirbel nach Newton ergeben würde.

Newtons Gesetz findet aber nicht nur seine Grenze dort, wo die beiden Massenradien vergleichbar  mit dem Abstand zwischen ihnen werden, sondern auch, wo viele Punktladungen zusammenwirken, wie es die Sterne in den Galaxien zeigen. Denn nach  Kepler müssten die Rotationsgeschwindigkeiten mit der Entfernung vom Rotationszentrum  indirekt proportional dem Quadrat abnehmen. Stattdessen  bleiben die Kurven nach einem steilen Anstieg fast konstant über die gesamte Galaxie-Scheibe. Während Keplers Beobachtung für zwei Massenpunkte galt, haben wir es hier mit sehr vielen Massenpunkten zu tun. Folglich können wir nicht erwarten, dass sich die Geschwindigkeitsverteilung in einer Galaxie wie zwei Massenpunkte in einem sehr großen Abstand  von einander verhält.

Anstatt für diese Geschwindigkeitsverteilung einen Halo aus mysteriöser Dunkler Materie anzunehmen, stellen wir uns vor, die gesamte Masse $M$ in der Newtonschen Gleichung in immer kleinere Komponenten zu zerlegen, die wir über ein zylindrisches Volumen verteilen.  Je mehr die Masse geteilt wird, desto mehr verschiebt sich das Verhältnis von Oberfläche zu Volumen zugunsten der Oberfläche. Das Ergebnis ist, dass die freien Oberflächenladungen die Oberhand über die gebundenen Gravitationsladungen gewinnen. Diese Aufteilung wird solange fortgesetzt, bis der Raum zwischen der Masse $M$ und der Probenmasse $m$ gleichmäßig mit immer kleineren Kugeln gefüllt ist.  $M$ ist dann über eine zylindrische Scheibe mit dem Radius $r$ und der Dicke $d$ verteilt, und nun bestimmt die Verteilungsdichte der Masse bzw. der Oberflächenladung, was passiert. Wir erhalten einen Festkörperwirbel.

Dann ist die Masse der Galaxie das Produkt aus dem Volumen V und der mittleren Verteilungsdichte $\rho_M$ über den Radius; und das Volumen ergibt sich aus $V = 2\pi r^2{\cdot}d$, woraus $M = 2\pi r^2{\cdot}d \cdot \rho_M$ folgt. Wir können davon ausgehen, dass sich beim Zerbröckeln der Masse auf der Oberfläche der Plasma-Kugeln freie Ladungen bilden, die mit der Summe der Oberflächen zunehmen, sonst würde die Galaxie nicht leuchten.

Daher ist die Ladungsdichte $\rho_Q$ proportional zu $\rho_M$. Sitzt die Prüfladung $m_Q$ dann auf der Randfläche der Scheibe $V$, so beträgt ihr Abstand vom Zentrum ebenfalls $r$. Wir setzen den gewonnenen Ausdruck für $M$ in Relation (1) und erhalten

$$|F| \propto 2\pi \cdot d \cdot \rho_Q(r) \cdot m_Q \qquad (4.05)$$

Da die Kraft das Produkt aus Masse und Beschleunigung ist, ist die Radialbeschleunigung dann proportional der radialen Dichteverteilung und die radiale Kraft ist gleich Null, da sie sich mit der Zentrifugalkraft aufhebt. Folglich muss auch die Beschleunigung Null sein, was aber nicht für alle Komponenten zutreffen muss.

$$b = \frac{\partial v_r}{\partial t} + \frac{\partial v_\theta}{\partial t} + \frac{\partial v_z}{\partial t} \propto d \cdot \rho_Q(r)$$

Daraus folgt:

$$v_r + v_\theta + v_z \propto d \cdot \rho_Q(r) \qquad (4.06)$$

In diesem einfachen Galaxie-Modell ist die Radialgeschwindigkeit an einem Ort der Galaxie proportional der mittleren Ladungsdichte und damit auch proportional der Massendichte der Galaxie, was das Plateau in Abb.19 mittels simpler Mathematik erklärt. Daraus ist zu schlussfolgern, dass umgekehrt im Zentrum einer Galaxie die Ladungsdichte stark abnimmt, was der Vorstellung von einem Gravitationsmonster im Zentrum einer Galaxie direkt widerspricht.


Da Masse und Ladung nicht verschwinden können, ist mit einem starken Strom in z-Richtung  als Ursache für die geringere Massendichte im Zentrum der Galaxie zu rechnen und zwar, da ein Magnetfeld vorhanden ist, mit einer Ladungstrennung entlang der z-Achse.  Tatsächlich weiß man heute, dass Masse-Jets aus den Rotationszentren bei praktisch allen Scheibengalaxien vorkommen, was allerdings nichts mit schwarzen Löchern zu tun hat, sondern einfach auf die Erhaltung von Masse und Energie zurückzuführen ist, einem Grundgesetz der Physik, das Hermann von Helmholtz schon 1847 formuliert hat.
Und noch etwas können wir aus Relation (4.06) ableiten: Die Oberflächenladungen der Partikel in der Galaxie halten das Plasma wie einen Festkörper zusammen.
Bisher haben wir die Ladung $Q$ einer wägbaren Masse in unserem Modell als ruhend angesehen. Nach Carl Friedrich Gauß ist die Ladung  $Q$  die Quelle eines elektrischen Feldes.  Wenn sich Ladungen entlang der z-Achse bewegen, erhalten wir entlang des ionisierten Massenstromes einen magnetischen Wirbelfaden, der erstmals von Kristian Birkeland bei der Untersuchung des Nordlichtes Ende des 19. Jahrhunderts entdeckt wurde und ihm zu Ehren seinen Namen erhielt. Diese Wirbelfäden nehmen im Kosmos die Funktion unserer irdischen Stromkabel ein.

Ändert sich das magnetische Feld, wird ein elektrisches Wirbelfeld abgestrahlt, was wiederum ein magnetisches Wirbelfeld erzeugt und so fort. Mit anderen Worten, wenn sich wägbare geladene Massen bewegen, wird ein elektromagnetischer Impuls abgegeben, der wiederum wägbare Massen in der Nachbarschaft erregt und so weiter transportiert wird, da alle Massen kraft-gekoppelte und gebundene Ladungsträger sind.

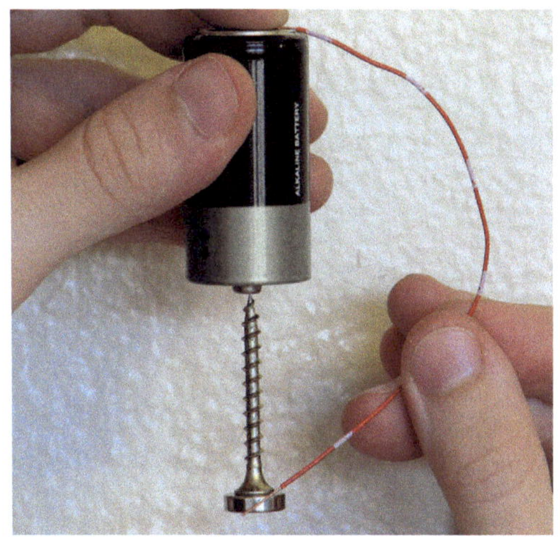

*Abb.22: Homopolarmotor-Experiment*
*Foto: Windell H. Oskay*

Nun gibt nicht mehr die Massendichte, sondern die Ladungsdichte freier Ladungsträger den Ausschlag für die weitere Betrachtung. Viele geladene Teilchen, die sich entlang der z-Achse bewegen, ergeben einen Strom $\vec{I}$ in z-Richtung. Dieser Strom ist durch seine elektrische Ladungsdichte charakterisiert, weniger durch seine Masse, und er induziert ein Magnetfeld, das alle Teilchen in diesem Feld in Rotation versetzt.

Wir wechseln nun  von der mechanischen zur elektrodynamischen Betrachtungsweise, weil wir als die Ursache der Himmelsmechanik elektrodynamische Kräfte erkannt haben.
Unsere Vermutung ist:

**Eine Spiralgalaxie ist ein  elektromagnetischer Wirbel**

Sie funktioniert wie ein Homopolarmotor.

Kommen wir noch einmal auf das Inertialsystem zu sprechen.
Unter einem Inertialsystem (lateinisch iners = untätig, träge) versteht Einstein  ein Bezugssystem, in dem ein kräftefreier Körper
in Ruhe verharrt oder sich geradlinig-gleichförmig, also unbeschleunigt bewegt. Hier irrt Einstein, eine geradlinige Bewegung
ist in jedem Fall eine beschleunigte Bewegung. Wir haben  gesehen, dass die scheinbare Ruhe bezüglich des Inertialpunktes keine Gerade, sondern eine Kreisbahn ist. Siehe letzte Spalte von
Tabelle 1.

Nach Newton benötigt ein Inertialsystem eine große Masse in relativer Ruhe als Bezug. Wenn also sich eine Probemasse in einem Inertialsystem kräftefrei bewegen soll, muss die Anziehungskraft mit der Fliehkraft im Gleichgewicht sein. Das bedeutet
aber, wie jeder Astronaut festgestellt hat, dass der Probekörper
sich auf einer Kreisbahn um das Massezentrum beispielsweise
die Erde bewegen muss.

Im nächsten Abschnitt wollen wir nun die kraftfreie Struktur des
Magnetfeldes dieses Birkelandstroms um den galaktischen
Stromwirbel untersuchen, der die Funktion des Kupferdrahtes in
unserem elektrischen Netzwerk übernimmt.

## 4.3 Ein kraftfreies magnetisches Feld nach Scott

In Abb.21 haben wir von der Milchstraße, unserer Heimatgalaxie, ein welliges Plateau der Geschwindigkeitsverteilung gesehen (rote Linie). Verständlicherweise ist das Profil hier besser aufgelöst als bei den fernen Galaxien. Donald Scott[74]) hat dafür ein ausgefeilteres Modell entwickelt, das hier in seinen Grundzügen vorgestellt werden soll, allerdings auch etwas anspruchsvollere Mathematik enthält.

Betrachten wir nun einen Strom $\vec{I}$ sich bewegender geladener Teilchen eines Plasmas, das keinen äußeren Kräften ausgesetzt ist. Eine nützliche mathematische Idealisierung eines solchen physikalischen kosmischen Stromes ist ein Vektorfeld der Stromdichte $\vec{j}$, das, wenn in einem zylindrischen Koordinatensystem betrachtet, überall einen durchschnittlichen Stromvektor $\vec{I}$ erzeugt, der per Definition in die Richtung der z-Achse fließt. Über die Stärke von $\vec{I}$ wird angenommen, dass sie überall unabhängig von der z-Koordinate ist.

Die Grundstruktur eines solchen kosmischen Magnetfeldes wird durch die Impulsgleichung der idealen Magnetohydrodynamik beschrieben.

$$\left(\text{rot } \vec{B}\right) \times \vec{B} = \mu_0 \cdot \text{div } \vec{p} \tag{4.07}$$

---

74  D. Scott - *Birkeland Currents: A Force-Free Field-Aligned Model*
    http://www.ptep-online.com/2015/PP-41-13.PDF

Der Operator *div* beschreibt eine Impulsquelle und $\mu_0$ ist die Permeabilität des freien Raumes. Die rechte Seite der Gleichung beschreibt folglich die Expansionskraft (Druckgradient multipliziert mit der Permeabilität des Plasmas). Der Operator *rot* charakterisiert einen magnetischen Wirbel.

Die gesamte linke Seite dieses Ausdrucks repräsentiert die kompressive magnetische Lorentzkraft. Wir unterscheiden zwischen kraftfreien Feldern mit den partiellen Ableitungen $\operatorname{div}\vec{p}=0$ und druck-ausgeglichenen Feldern mit $\operatorname{div}\vec{p}\neq 0$.

Wir wollen hier den kraftfreien Fall betrachten. Dann gilt für die elektromagnetische Kraft, die jede Ladung innerhalb eines solchen Plasmas erfährt:

$$\vec{F}=q\left(\vec{E}+\vec{v}\times\vec{B}\right) \tag{4.08}$$

Der Name Lorentzkraft wird verwendet, um den Ausdruck (4.08) zu beschreiben. Der erste Term auf der rechten Seite $q\cdot\vec{E}$ ist die lineare elektrische Kraft und der zweite Term $q\left(\vec{v}\times\vec{B}\right)$ heißt Magnetkraft. Sie beschreibt das Drehmoment des helixartigen Kraftverlaufes.

Dabei ist $q$ die Ladung und $\vec{v}$ ihre Strömungsgeschwindigkeit.


Der Plasmabereich erhält einen zylindrischen Stromfluss. Scott macht keine anfänglichen Annahmen über die Verteilung der Stromdichte über den Querschnitt. Ein Ladungsfluss erzeugt ein eigenes Magnetfeld, durch das die Ladung fließt. Die Stelle, an der sich jedes geladene Teilchen $q$ befindet, ist im Strom der Ursprungspunkt zweier lokaler Vektoren, die *Stromdichte*: $\vec{j}=q\cdot\vec{v}$ und die *magnetische Induktion* $\vec{B}$ . An jedem Punkt eines durch die Maxwells-Gleichung gegebenen magnetischen Wirbels $\operatorname{rot}\vec{B}$ wird ein Stromdichtevektor $\vec{j}$ erzeugt, der durch ein aufgeladenes Teilchen repräsentiert wird und nebenbei das elektrische Feld verändert.

$$\mathrm{rot}\,\vec{B} = \mu\left(\vec{j} + \epsilon\,\frac{\partial \vec{E}}{\partial t}\right) \tag{4.09}$$

Der Strom wird als *Verschiebungsstrom* bezeichnet. Es wird oft als Nullwert betrachtet, wie es Scott hier tut, wenn davon ausgegangen werden kann, dass es in der Region keine zeitlich veränderlichen elektrischen Felder gibt. Die Integration des $\mathrm{rot}\,\vec{B}$ Vektors über einen Querschnitt der zylindrischen Strömung (Stokes-Theorem) ergibt

$$\int_S \mathrm{rot}\,\vec{B} \cdot dS = \int_S \mu\,\vec{j} \cdot dS = \oint_C \vec{B} \cdot dl \tag{4.10}$$

wobei *dS* ein beliebiger Querschnitt des Plasmas ist und $\mu$ die Permeabilität des Plasmas ist. Der zweite Term in (4.10) entspricht dem Gesamtstrom $\vec{I}$ , der vom Plasmastrom getragen wird. Wir nehmen mit Scott an, dass der aktuelle Querschnitt kreisförmig mit dem Radius *r* ist. Dann ist der letzte Term in (4.10) $2\pi r\,\vec{B}$ , wo die Rechte-Hand-Regel[75]) für $\vec{B}$ gilt. Das B-Feld wird also von einem zylindrischen Plasma mit seiner äußeren Begrenzung *r = R* erzeugt, für das gilt:

$$\vec{B}_\theta = \frac{\mu}{2R}\,\vec{I} \tag{4.11}$$

---

75  Wenn der Daumen in Richtung $\vec{I}$ entlang der z-Achse zeigt, zeigen die gekrümmten Finger in Richtung des Magnetfelds $\vec{B}$ .

Ausdruck (4.9) ist die Punktform und (4.10) ist die integrale (makroskopische) Form dieser Maxwell-Gleichung. Ausdruck (4.9) ist zu jedem Zeitpunkt gültig. Die in (4.10) und (4.11) angegebenen Integralformen implizieren, dass $\vec{B}$ eine Vektorsumme der Effekte aller $\vec{j}$ - Vektoren auf der Oberfläche $S$ ist, die vom Zylinder $C$ eingeschlossen ist. $\vec{B}$ wird nicht direkt von einem einzelnen $\vec{j}$ erzeugt. In (4.09) ist klar, dass $\vec{j}$ , die Stromdichte an einem Punkt, nur einen einzelnen $\mathrm{rot}\,\vec{B}$ - Vektor erzeugt, keinen $\vec{B}$ - Vektor des Teilchenstroms. Im Allgemeinen kann es, und das passiert häufig, einen $\vec{B}$ - Vektor ungleich Null an Punkten geben, an denen $j = 0$ ist.

Bevor ein kosmisches Stromsystem, das frei von externen Kräften oder Feldern ist, eine stationäre Konfiguration erreicht, interagieren die $\vec{j}$ und $\vec{B}$ - Vektoren (alle $j$-Vektoren erzeugen $\mathrm{rot}\,\vec{B}$ - Vektoren), die sich summieren, um die lokalen $\vec{B}$ - Vektoren zu bilden. An jedem Punkt im Plasma, an dem $j \neq 0$ ist, kann eine Kraft zwischen diesem Stromdichtevektor und seinem lokalen magnetischen $\vec{B}$ - Feld-Vektor bestehen. Diese Kraft ist eine magnetische Lorentzkraft, die durch $q\left(\vec{v} \times \vec{B}\right)$ gegeben ist. Dieses Vektorkreuzprodukt des Geschwindigkeitsvektors $\vec{v}$ einer sich bewegenden Ladung und des lokalen Vektors $\vec{B}$ impliziert, dass der skalare Betrag der resultierenden Lorentzkraft $\vec{F}_L$ auf jedes $q$ durch

$$\vec{F}_L = q \cdot \vec{v} \cdot \vec{B} \cdot \sin \varphi \qquad (4.12)$$

gegeben ist, wobei $\varphi$ der kleinste Winkel zwischen dem Geschwindigkeitsvektor $\vec{v}$ und $\vec{B}$ ist. Wir nennen $\varphi$ den *Lorentz-Winkel*. Wenn dieser Winkel Null oder 180 Grad beträgt, verschwindet die magnetische Lorentzkraft $q\left(\vec{v}\times\vec{B}\right)$ an diesem Punkt.

Die magnetische Induktion $\vec{B}$ eines solchen Ionenstroms ist analog zu der einer Magnetspule

$$\vec{B} = \frac{\mu\cdot N}{l}\cdot\vec{I} \qquad (4.13)$$

$N$ ist die Windungszahl und $l$ ist die Länge des Ionenstroms.

Dieser Ausdruck zeigt, dass dieses $\vec{B}$ das Ergebnis des Gesamtstroms $\vec{I}$ ist. Die Gesamtenergie des Ionenstroms ergibt sich analog zu einer Spule als

$$E = \frac{1}{2}L\cdot I^{2} \qquad (4.14)$$

$L$ ist die *Induktivität* des Ionenstroms. Die Ähnlichkeit mit der mechanischen Energieformel ist auffällig. Dies zeigt, dass der einzige Weg, die gesamte gespeicherte Energie auf Null zu reduzieren, darin besteht, den Stromfluss vollständig zu unterbrechen.

Wir müssen jedoch davon ausgehen, dass sich der Ionenstrom in einem uneingeschränkten Plasma im kosmischen Raum frei bewegen und verteilen kann, um die intern gespeicherte potentielle Energie aufgrund der durch magnetische Lorentzkräfte überall im Plasma erzeugten Spannungen zu minimieren. Tatsächlich sind Weltraumplasmen einzigartig positioniert, um dem **Prin-**

**zip der minimalen potentiellen Gesamtenergie** zu gehorchen[76]), das besagt, dass sich ein System oder Körper in eine Position verschieben und / oder verformen muss, die seine gesamte potentielle Energie minimiert.

Die in (4.14) beschriebene Energie ist nicht reduzierbar, weil sie durch die feste Größe des Stroms  verursacht wird. Scott argumentiert aber, dass die Lorentz-Energien jedoch eliminiert werden können, da sie nicht vom Betrag von $\vec{I}$ abhängen, sondern nur von den Kreuzprodukten zwischen den lokalen $\vec{B}$ und $\vec{j}$ - Vektoren. Sobald der Prozess des Abwerfens der inneren Magnetkraft-Energie ein stationäres Gleichgewicht erreicht, wird diese Struktur als *kraftfreier Strom* bezeichnet und durch die Beziehung zwischen dem Magnetfeldvektor $\vec{B}$ und dem Stromdichtevektor $\vec{j}$ an jedem Ort definiert, an dem eine Ladung $q$ im aktuellen Strom vorhanden ist:

$$q \cdot \left(\vec{v} \times \vec{B}\right) = \vec{j} \times \vec{B} \qquad (4.15)$$

Aus (18) folgt, dass die Lorentzkräfte überall in einem kraftfreien Strom gleich Null sind, da jedes $\vec{j}$ mit seinem entsprechenden $\vec{B}$ kollinear ist. Diese Anordnung wird daher auch als *feldausgerichteter Strom* (FAC) bezeichnet. Aus (4.09) und (4.15) folgt direkt, wenn kein zeit-veränderliches elektrisches Feld vorhanden ist, dass (4.15)

$$\left(rot\,\vec{B}\right) \times \vec{B} = 0 \qquad (4.16)$$

ist, was identisch mit $\mathrm{div}\,\vec{p} = 0$ ist. Dies ist die grundlegende definierende Eigenschaft eines kraftfreien, feldausgerichteten

---

76 H. Callen - *Thermodynamics and an Introduction to Thermostatistics;* 2nd ed. John Wiley, New York, NY, 1985.

Stroms, was in der Mechanik auch als *Schwerelosigkeit* bezeichnet wird.

Ausdruck (4.09) impliziert, dass, wenn an irgendeinem Punkt in einem ansonsten feldausgerichteten Strom $j = 0$ ist, dann ist Bedingung (4.16) automatisch erfüllt, selbst wenn $B$ nicht Null ist. Der Wert der Größe und die Richtung von $\vec{B}$ an einem bestimmten Punkt ist im Allgemeinen keine ausreichende Information, um die Größe, Richtung oder sogar die Existenz von $\vec{j}$ an diesem Punkt zu bestimmen.

Mit diesem Problem wurde Kristian Birkeland um die Wende zum 20. Jahrhundert konfrontiert, als er versuchte, die für die Magnetfeldschwankungen verantwortlichen Strömungen des Sonnenwinds zu identifizieren. Aus der Maxwell-Gleichung (4.09) kennen wir jedoch die Richtung und Größe des Vektors an einem bestimmten Punkt, der dort mit dem Wert von $\mu \cdot \vec{j}$ identisch ist. Feldausgerichtete, kraftfreie Ströme stellen das niedrigste Niveau an gespeicherter magnetischer Energie dar, das in einem kosmischen Strom erreichbar ist [77]).

Wir suchen nun einen Ausdruck für das Magnetfeld $B(r;\theta;z)$ in einer solchen Strom/Feld-Struktur.

---

77    A. Peratt - *Physics of the Plasma Universe;* Springer-Verlag, New York, 1992, p. 44. Republished ISBN 978-1-4614-7818-8, 2015, p. 406.

# 4.4 Scotts Modell eines feldausgerichteten Stroms

Weil $\left(rot\,\vec{B}\right)\times\vec{B}=0$ erfüllt ist, wenn die Stromdichte $\vec{j}$ die gleiche Richtung (mit Ausnahme des Vorzeichens) wie $\vec{B}$ hat (und ohne Anforderungen an ihre Größe), wurde von Lundquist[78]) und anderen vorgeschlagen

$$rot\,\vec{B}=\alpha\,\vec{B} \tag{4.17}$$

zu setzen, was nach (4.16) äquivalent zu

$$\mu\,\vec{j}=\alpha\,\vec{B} \tag{4.18}$$

ist, wo $\alpha$ ein Skalar verschieden von Null entsprechend von (4.17) ist. Dies führt zu einer einfachen Lösung, aber es ist von vornherein wichtig, dass für jeden Nicht-Null-Wert $\alpha \neq 0$ ein Wert $B$ ungleich Null an jedem Punkt das Vorhandensein einer Stromdichte $j \neq 0$ an demselben Punkt erfordert, was im Allgemeinen eine ungerechtfertigte Vermutung ist. Dies gilt insbesondere angesichts der bekannten Tendenz von Plasmen, Filamente zu bilden (wobei Bereiche entstehen, in denen $j = 0$ ist, $B$ jedoch nicht). Scott betrachtet jedoch diesen Spezialfall.

Nun kann man die linke Seite der Gleichung (4.17) in Zylinderkoordinaten ausdrücken:

$$rot\,\vec{B}=\left(\frac{\partial B_z}{r\,\partial\theta}-\frac{\partial B_\theta}{\partial z},\frac{\partial B_r}{\partial z}-\frac{\partial B_z}{\partial r},\frac{\partial\left(rB_\theta\right)}{r\,\partial r}-\frac{\partial B_r}{r\,\partial\theta}\right) \tag{4.19}$$

---

78   S. Lundquist - *On the stability of magneto-hydrostatic fields.* Phys. Rev., 1951, Vol. 83 (2), S.307–311. Available online: http://link.aps.org/doi/10.1103/PhysRev.83.307.

und die rechte Seite von (21) ist dann:

$$\alpha\,\vec{B}=\left(\alpha\,B_r,\alpha\,B_\theta,\alpha\,B_z\right)\qquad(4.20)$$

In (4.19) und (4.20) sind alle Feldkomponenten Funktionen der Position von Vektor $\vec{p}$ . Da es keinen Grund gibt, eine Variation der Stromdichte $\vec{j}$ in der $\theta$- oder z-Richtung im kosmischen Raum anzunehmen, impliziert (4.18), dass dies auch für $\vec{B}$ gilt. Aus dem Fehlen jeglicher von außen aufgebrachter Kräfte außer möglicherweise eines statischen axialen elektrischen Feldes zur Aufrechterhaltung von $\vec{I}$ durch $q\cdot\vec{E}$ und jeglicher zeitlich variierender elektrischer Felder folgt, dass alle partiellen Ableitungen von $\vec{B}$ in Bezug auf $\theta$ und z Null sind und daher bleiben von (4.17) nach diesen Vereinfachungen in (4.19) die folgenden drei Ausdrücke:

1. In radialer Richtung ist

$$\alpha\,B_r=0\qquad(4.21)$$

Es gibt keine radiale Komponente des $\vec{B}$ -Vektors. Dies stimmt mit Maxwells Quellenfreiheit des Magnetfeldes $\operatorname{div}\vec{B}=0$ überein.

2. In azimutaler Richtung erhalten wir

$$\frac{\partial B_z}{\partial r}=-\alpha\,B_\theta\qquad(4.22)$$

3. und in radialer Richtung haben wir

$$\frac{\partial\left(rB_\theta\right)}{r\,\partial r}=\alpha\,B_z \tag{4.23}$$

Dies führt zu zwei nicht trivial gekoppelten Differentialgleichungen in den beiden abhängigen Variablen $B_z$ und $B_\theta$, wie in (4.22) und (4.23) gezeigt. Die unabhängige Variable in beiden Gleichungen ist der radiale Abstand $r$. Die Kombination von (4.22) und (4.23) ergibt eine Differentialgleichung zweiter Ordnung in einer einzelnen abhängigen Variablen.

$$\frac{\partial^2 B_z\left(r\right)}{\partial r^2}+\frac{1}{r}\cdot\frac{\partial B_z\left(r\right)}{\partial r}+\alpha^2 B_z\left(r\right)=0 \tag{4.24}$$

Die abhängige Variable $B_z(r)$ ist die axiale Komponente des kraftfreien stationären Magnetfeldes. Das Komponentenfeld $B_z(r)$ darf sich so weit erstrecken, wie der Strom reicht. Es wird keine Randbedingung bei einem Wert ungleich Null von $r$ eingeführt. In allen realen Strömen im Raum gibt es eine natürliche Grenze $r = R$ für das Ausmaß der Stromdichte $j$ (r).

Nachdem die Differentialgleichung (4.24) nun vollständig spezifiziert wurde, können wir sie als identisch mit Bessels Gleichung mit skalaren Parametern identifizieren[79]) und wir erhalten als Lösung:

$$y=A\cdot J_0\left(x\right)+C\cdot Y_0\left(x\right)$$

$J_0(x)$ ist die Besselfunktion erster Art und nullter Ordnung, und $Y_0(x)$ ist die Besselfunktion der zweiten Art. $J_0(x)$ hat an der Grenze $x = 0$ den Wert 1, und die Funktion $Y_0(x)$ hat an derselben Grenze eine Singularität. Da die Realität vorschreibt, dass

---

79   http://152.96.52.69/webMathematica/canum/bronstein2008/kap_9/node58.html

das Magnetfeld endlich bleibt, muss der Wert des beliebigen Koeffizienten $C$ gleich Null gesetzt werden. Somit erhält Scott die Lösung zu (4.24) gegeben durch:

$$B_z(r) = B_z(0) \cdot J_0(\alpha \cdot r) \tag{4.25}$$

und

$$B_\theta(r) = B_z(0) J_1(\alpha \cdot r) \tag{4.26}$$

Diese Besselfunktion der ersten Art und der Ordnung Null wird verwendet, um die Besselfunktionen der ersten Art und der Ordnungen 1, 2, 3, ... durch einfache Differenzierung zu erzeugen. Die Rekursionsformel für die Besselfunktion erster Ordnung ist

$$J_1(x) = \frac{d\,J_0(x)}{dx} \tag{4.27}$$

Für die grafische Darstellung des Stromes ist die rekursive Form der Lösung der Besselfunktion sehr wichtig. Das Besselsche Funktionsmodell Abb.23 eines kräftefreien Stromes umfasst explizit nur zwei kanonische Variable: das Magnetfeld $B(r)$ und die elektrische Stromdichte $j(r)$. Das Modell erfordert, dass diese beiden Vektorgrößen, wie schon oben gesagt, überall parallel sind und nicht wechselwirken.

Da wir annehmen, dass die Strömung eine unbegrenzte Länge und einen kreisförmigen Querschnitt hat, berücksichtigt das Modell keine Variation von *B* oder *j* in der *θ*- oder *z*-Richtung. Aus Stokes Theorem (4.13) folgt dann für die Stromdichte:

$$j_z(r) = \frac{\alpha \cdot B_z(0)}{\mu} J_0(\alpha \cdot r)$$

(4.28)

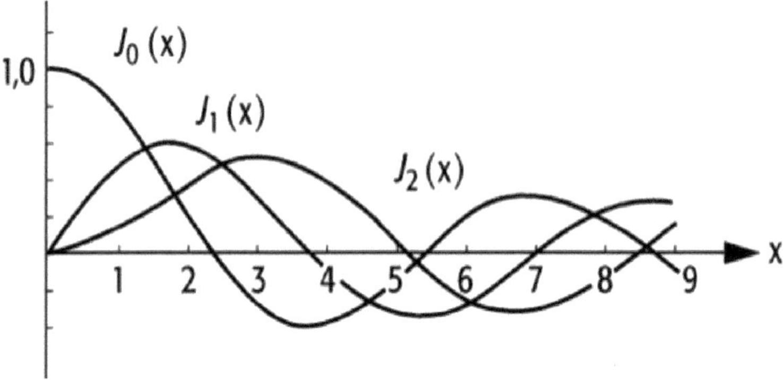


*Abb.23: Besselfunktionen von nullter bis zweiter Ordnung*

und

$$j_\theta(r) = \frac{\alpha \cdot B_z(0)}{\mu} J_1(\alpha \cdot r)$$

(4.29)

Der Zusammenhang zwischen Stromdichte $\vec{j}$ und Fließgeschwindigkeit $\vec{v}$ ist allgemein:

$$\vec{j} = \rho_M \cdot \vec{v} \tag{4.30}$$

Nun fehlt nur noch der Zusammenhang von Massendichte und Ladungsdichte und wir erhalten die Stromdichte, die Einstein durch Symmetrisierung aus den Maxwell-Gleichungen weg haben wollte. Dazu kann man sagen, dass die Ladungsdichte vom Ionisationsgrad des Plasmas abhängt. Auf den Ionisationsgrad kann man von der Strahlungsintensität einer Galaxie schließen. Die Strahlungsintensität der elektromagnetischen Welle ist die abgegebene dissipative Entropie des offenen Systems, dass die Maxwell-Gleichungen beschreiben. Also kann man schlussfolgern, dass die Rotationsgeschwindigkeit einer Galaxie proportional dem Verhältnis von Stromdichte und Massendichte ist, was die Welligkeit des Plateaus der Geschwindigkeitsverteilung entlang des Galaxieradius in Abb. 21 erklärt.

Tatsächlich ist die Struktur einer Galaxie sogar noch komplizierter, denn zwei FACs bauen einen noch komplizierteren Wirbel auf, sobald $\vec{B}$ and $\vec{j}$ nicht mehr parallel sind, wie Anthony Peratt[80] mittels eines Supercomputers simulierte. (Siehe Abb.:24)

Zwei parallele Plasmaströme, wie sie später auch James Sorenson[81] modellierte (siehe Abb. 25), verdrillen sich zu einem komplexen Wirbel.

---

80   A. Peratt - *Evolution of the Plasma Universe: II. The Formation of Systems of Galaxies;*
     https://www.academia.edu/9156671/Evolution_of_the_Plasma_Universe_II_The_
     Formation_of_Systems_of_Galaxies
81   J. Sorenson Birkeland Current Simuator -
     https://etherealmatters.org/atomizer/birkeland

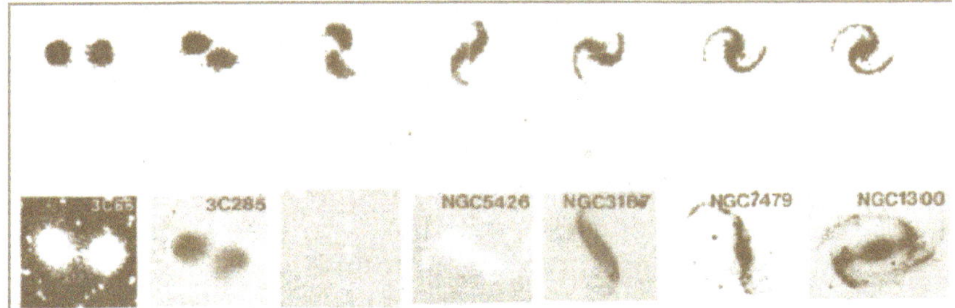


*Abb.24: Peratts Galaxiesimulation verglichen mit  beobachteten Galaxien*
*Quelle: A. Peratt*

In der Animation von Sorenson sieht man die Gegenrotation der verschiedenen Zylinderschichten.

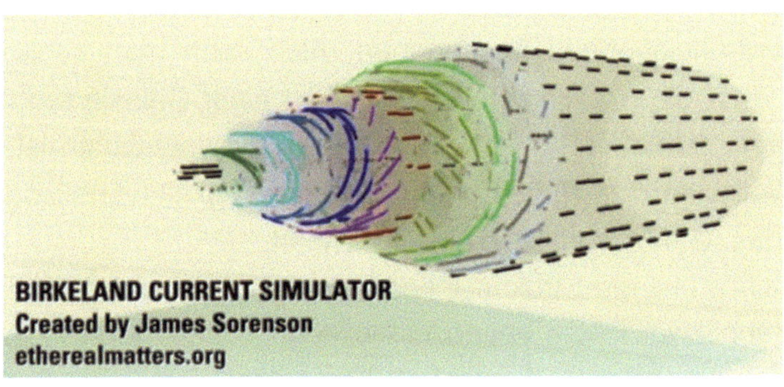


*Abb. 25: Birkelandstrom  - Simulation eines kräftefreien Plasmastromes mit*
*Gegenrotation*

Wir nehmen eine wichtige Erkenntnis mit:

**Die Massen unterliegen Dichteschwankungen über den Querschnitt von Plasmaströmen,  die durch die Besselfunktion beschrieben werden.**
**Sie ersetzt die  Wellenfunktion  der Quantenmechanik**

## 4.5 Die spektrale Rotverschiebung und die Mär von der Ausdehnung des Raumes

Es gibt einen Unterschied zwischen einem mit Masse gefüllten physikalischen Volumen und einer mathematischen Beziehung von Abständen namens *Raum*. Der Raum ist praktisch das Maß, mit dem ich ein Volumen messe. Wenn ich mein Hohlmaß vergrößere, kann ich mehr Masse erfassen. Dies wird als *Skalierung* bezeichnet. Es ist eine Frage der Überlegung, nicht der Physik, denn die Gesamtmasse ist dadurch nicht mehr geworden. Außerdem macht es keinen Sinn, ein Maß zu haben, welches sich ausdehnt.

Tatsächlich werden in der Kosmologie die Begriffe Raum und Volumen verwechselt. Gemeint ist nicht die Ausdehnung des Raumes, sondern die des Volumens als Funktion der Kraft, wenn die Distanzen zwischen Beobachter und Objekten größer werden. Das setzt aber voraus, dass ich das Volumen als geschlossen in einem größeren Volumen betrachte.

Als treibende Kraft hinter diesem Phänomen gilt heutzutage die mysteriöse *Dunkle Energie*. Wenn es sie gäbe, müssten wir sie auch auf der Erde nachweisen können. Ein wissenschaftlicher Ansatz bedeutet jedoch, dass wir natürliche Erklärungen bevorzugen, weil der Kosmos ein ebenso natürlicher Ort wie unsere Erde ist.

Wenn wir uns mit der Dynamik im Kosmos beschäftigen, ist neben der Lichtgeschwindigkeit auch die Geschwindigkeit der materiellen Leuchtkörper von zentraler physikalischer Bedeutung.

Die Geschwindigkeiten, mit denen wir im vorigen Abschnitt operierten, werden anhand der *Rotverschiebung* der Spektrallinien über dem Querschnitt der Galaxien bestimmt. Ein leuchtendes Objekt, das sich von uns entfernt, zeigt eine Verschiebung seiner Spektrallinien zum längerwelligen Teil des Spektrums, also zum roten Bereich, und ein Objekt, das sich auf uns zubewegt, zeigt eine Blauverschiebung. Dies wird als *Doppler-Effekt* bezeichnet. Dabei ändert sich nicht die Linienbreite.

Wenn also das Lichtspektrum von einer Seite der Galaxie rotverschoben und von der anderen Seite blau-verschoben ist, dann wissen wir, dass sich die Galaxie dreht. Aus der Verschiebung der Wellenlänge kann die Fluchtgeschwindigkeit *v* der Lichtquelle gegenüber dem Beobachter bestimmt werden.

$$v = \frac{\Delta \lambda}{\lambda} \cdot c = z \cdot c \qquad (4.31)$$

Der Dopplereffekt ergibt sich aus der Addition bzw. Subtraktion der Lichtgeschwindigkeit und der Relativgeschwindigkeit zwischen Lichtquelle und Beobachter[82]. Auf Grund der Beobachtung, dass fast alle Galaxien eine spektrale Rotverschiebung aufweisen, hat es den Anschein, dass sie sich vom Beobachter entfernen würden, weshalb George Lemaître annahm, dass sich das Volumen des Kosmos ausdehnen müsse und die Kraft für diese Ausdehnung müsse von einem *Urknall* stammen. Diese simple These scheint auf den ersten Blick einleuchtend. Doch bei genauer Untersuchung der spektralen Rotverschiebung ist die These von der Volumenausdehnung nicht mehr haltbar. Edwin Hubble, der als erster die spektrale Rotverschiebung in Ab-

---

82  Einsteins Forderung v+c wäre c, bezieht sich auf die Verwendung von c als Projektionszentrum für die Lorentztransformation. Der Dopplereffekt und das Fachgebiet der Optik würde nicht existieren, wenn sich diese Forderung in der Realität erfüllen würde. Wir hätten weder Teleskope noch Mikroskope.

hängigkeit von der Leuchtkraft der Galaxien festgestellt hat, konnte nie der These von Lemaître zustimmen und sein Schüler Halton Arp hat sein Leben lang Belege gegen Lemaîtres These zusammengetragen. Es zeigte sich nämlich, dass sich nicht nur das Linienmaximum verschob, sondern auch die Linienbreite sich vergrößerte.

Wenn abends die Sonne im Westen am Horizont steht, ist ihr Licht ebenfalls rotverschoben.  Niemand nimmt jedoch an, dass sich dann die Sonne von der Erde entfernt, um sich dann am anderen Morgen der Erde wieder anzunähern. Nein, wenn die Sonne am Abend am Horizont steht, erscheint sie größer, also näher als wenn sie hoch am Himmel steht. Folglich scheint es, als würde das Licht müde, wenn es die dicke Atmosphärenschicht durchqueren muss. Es verliert Energie an die Atmosphäre und damit auch Geschwindigkeit. So kann man die spektrale Rotverschiebung des Lichts nur bedingt für die Beurteilung  einer Fluchtbewegung  heranziehen, wenn man befürchten muss, dass es auf dem Weg zum Beobachter kosmische Gase durchquert.

In den fünfziger Jahren des vergangenen Jahrhunderts hat man quasi-stellare Objekte gefunden, die eine spektrale Rotverschiebung von 0,158 aufwiesen, die weit über der von bisher bei Galaxien beobachteten Rotverschiebungen lag. Bei dem extremsten bisher entdeckten Objekt dieser Art fand man eine Rotverschiebung von $z=7{,}642$ [83]). Das impliziert nun die Frage nach einer maximalen Fluchtgeschwindigkeit von materiellen Körpern überhaupt.

---

83   https://arxiv.org/abs/2101.03179

Nun wissen wir aber, dass ein materieller Körper keine Lichtgeschwindigkeit erreichen kann. Das folgt aus dem Impuls- und Energieerhaltungssatz. Daraus lassen sich eine obere und eine untere Geschwindigkeit entsprechend ihren Massen abschätzen und ein geometrisches Mittel bilden. Damit erhalten wir dann die mittlere Grenzgeschwindigkeit $v_{Max}$ von Protonen, wenn wir annehmen, dass ein Elektron mit Lichtgeschwindigkeit  aus seiner Bahn um das Proton abgeschossen wird, zu etwas mehr als 1000 km/s.  Im Sonnenwind erreichen Protonen in Erdnähe nicht mehr als 750 km/s. Wenn wir daraus  die Rotverschiebung großzügig abschätzen, erhalten wir für den Dopplereffekt eine Schranke von:

$$z < \frac{v_{max}}{c} = 0{,}0034 \qquad (4.32)$$

Daraus folgt, dass im Falle größerer spektraler Rotverschiebungen die Lichtgeschwindigkeit im Nenner des obigen Quotienten geringer werden müsste.

Das bedeutet aber, dass zwischen Lichtquelle und Beobachter sich Gase befinden müssten, die die Wellenfront des Lichts erdwärts ausbremsen, so wie unsere Atmosphäre beim abendlichen Sonnentiefstand  das Licht ausbremst.

Ob die spektrale Rotverschiebung vom Dopplereffekt oder vom Energieverlust in einem Medium herrührt, kann man auch an der effektiven Linienbreite unterscheiden.  Da beim Dopplereffekt die Lichtquelle sich als ganzes bewegt, muss die Linienbreite unbeeinflusst von der Umgebung erhalten bleiben. Sie darf  keine Abhängigkeit von z aufweisen.

Anders verhält sich die Linienbreite bei der Durchquerung eines Gases. Bei der Wechselwirkung der elektromagnetischen Wellen mit den Gasmolekülen  werden diese einen Teil der Energie absorbieren, wobei die Strahlungsenergie der durchgehenden Welle geringer wird. Dabei nimmt die Spektrallinie in der Höhe ab und verschiebt ihr Maximum in Richtung längerer Wellenlängen.

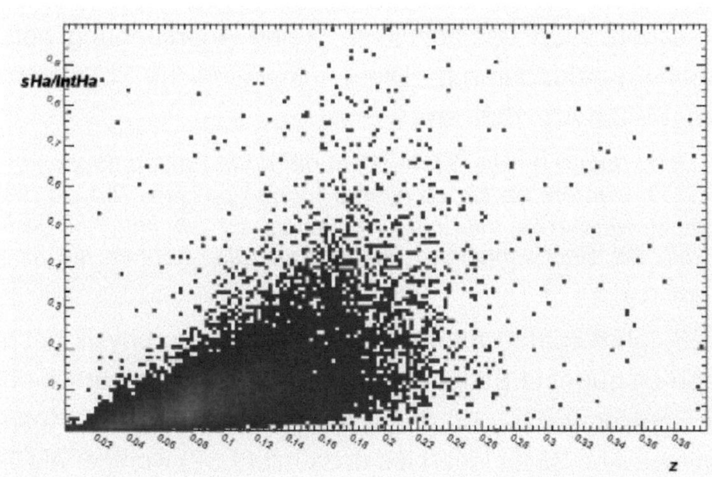


*Abb.26: Linienbreite der Wasserstofflinie $H_\alpha$ als Funktion von z (jeder Punkt repräsentiert eine Galaxie)   Quelle: M. Hüfner SDSS-Datenbank*

Dadurch erhalten wir eine  lineare Abhängigkeit der Linienbreite von der spektralen Rotverschiebung. Wir kennen diese Erscheinung als Compton-Effekt, der bei sichtbarem Licht um vier Größenordnungen kleiner als bei Röntgenstrahlung ist, was durch die riesigen kosmischen Entfernungen wieder ausgeglichen wird. Diesen Zusammenhang habe ich an der $H_\alpha$-Linien des Wasserstoffs untersucht. Wasserstoff ist das im Kosmos am häufigsten vorkommende Element und trotz spektraler Rotverschiebung in allen optischen Spektren noch zu finden. Dazu habe ich aus der SDSS-Datenbank[84] eine Stichprobe von etwa 300 000 Galaxie-

---

84  https://www.sdss.org/dr12/data_access/

spektren von Spiralgalaxien herausgefiltert. (Abb.26)

Dieses Ergebnis erschüttert das ganze akademische Weltbild des Kosmos, denn auf der spektralen Rotverschiebung basieren alle Entfernungsangaben. Es ist daher nicht verwunderlich, dass Halton Arp mit seinen  kosmischen Beobachtungsergebnissen, die er schon 1985 veröffentlichte, keine Anerkennung bei den Theoretikern gefunden hat. Diese mittelalterliche Scholastik beschrieb  Halton Arp 1998 so:

> *Jetzt haben wir die Situation, in der neue Fakten danach beurteilt werden, ob sie zu alten Theorien passen. Tun sie dies nicht, werden sie mit dem Urteil belegt: Es gibt keine Möglichkeit, die Beobachtungen zu erklären, also können sie nicht wahr sein.«*[85])

Auch 23 Jahre später  tut die akademische Astrophysik noch so, als gäbe es nur eine Erklärung für die spektrale Rotverschiebung – den Dopplereffekt - und damit eine Ausdehnung des Kosmos, obwohl aus Abb.26 zu lesen ist, dass mit (4.32) weniger als 1,5% der Rotverschiebung auf den Doppler-Effekt zurückzuführen ist.

Dieses Wissen macht Entfernungsinformationen über Galaxien und auch Altersinformationen sehr unzuverlässig, zumal Arp die Quasare als Galaxiekerne identifiziert hat, die von Zeit zu Zeit aus Galaxien herausgeschleudert werden und deren spektrale Rotverschiebung mit zunehmender Entfernung von der Muttergalaxie abnimmt, was ziemlich rätselhaft scheint, aber  in Zukunft sicherlich eine natürliche Erklärung finden wird.

Während ich dies schreibe, zeigt das Fernsehen Bilder der brennenden Wälder im Mittelmeerraum und darüber eine tiefrote Sonne hinter einem Schimmer von Rauch. Also wäre eine  sich verdünnende Staubatmosphäre um diese  kosmischen Objekte eine einfache Erklärung.

---

85   H. Arp - *Seeing red - Redshift, Cosmology and  Academic Science;*
     https://www.abebooks.de/9780968368909/Seeing-Red-Redshifts-Cosmology-
     Academic-0968368905/plp

## 4.6 Schwarzes Loch oder doch ein Quasar-Wirbel?

Der Mythos über das *Schwarze Loch* begann, als Karl Schwarz-schild Einsteins kosmologische Gleichung löste und darin eine Singularität fand, die so interpretiert wurde, dass die gesamte Masse im  Schwarzen Loch verschlungen und kondensiert wird. Sogar das Licht würde in diesem Loch verschwinden, wovon sein Name abgeleitet ist, denn ein Loch ist eine Stelle einer ho-mogenen Masse, an der Substanz fehlt. Nun, Mathematiker sind manchmal sehr seltsam weltfremde Menschen, wenn sie eine mathematische Polstelle mit einem physikalischen Phasenüber-gang gleichsetzen. Sie glauben ihren Gleichungen mehr als der beobachtbaren Natur, obwohl ihre Gleichungen normalerweise nur sehr grobe Modelle einer idealisierten Realität sind.

Dieser Mythos des ungewöhnlichen Gravitationsmonsters be-steht infolge der Unkenntnis der Wirbeltheorie fort und beflügelt die Fantasien vieler Pseudowissenschaftler, obwohl der jahr-zehntelange Streit zwischen Leonard Susskind und Stephen Hawking damit endete, dass Hawking 2014 erklärte:

> *„Ich nehme das als angezeigt, dass  … es keine Ereignishorizonte und keine Firewalls geben kann. Das  Fehlen von Ereignishorizon-ten bedeutet, dass es keine schwarzen Löcher gibt – im Sinne des Regimes, von dem Licht nicht bis ins Unendliche entkommen kann."*[86])

Er schlug vor, das Schwarze Loch als metastabilen Grenzzu-stand des Gravitationsfeldes in einem hyperbolischen fünfdimen-

---

86   St. Hawking – *Information Preservation and weather forecasting for Black Holes;*
     https://www.semanticscholar.org/paper/Information-Preservation-and-Weather-
     Forecasting-Hawking/d545549ee1b64d234d61b2345330083f7fd849fa

sionalen Raum neu zu definieren, was tatsächlich versucht wird[87]). Dabei muss ihm gänzlich entgangen sein, dass die Masse Ursache für ein Gravitationsfeld ist. Ein Loch jedoch beschreibt gerade das Fehlen von Masse und folglich auch von Licht. Seit Helmholtz sollte jeder Physiker die Erhaltungssätze kennen und achten. Was da Theoretiker zusammenphantasieren, sollte aber besser nicht in die Öffentlichkeit getragen werden, wenn sie als Wissenschaftler ernst genommen werden wollen. Was sie in ihrer Kommunikationsblase tun, bleibt in einer demokratischen Gesellschaft ihnen überlassen.

Die berühmte Erzählerin J. K. Rowland hatte die reale Welt von der Phantasiewelt mit definierten Eingangstoren klar getrennt, wie zum Beispiel am Bahnsteig neun drei-viertel des Londoner Bahnhofs Kings Cross. Den Kosmos als Tor zu den Fantasiewelten verrückter Mathematiker zu nutzen, wird durch seine zunehmende technische Nutzung immer unattraktiver und bedeutet einen enormen Reputationsverlust für die gesamte Wissenschaft. Inzwischen haben solche Pseudowissenschaftler offenbar an vielen Universitäten unter dem Schutz der Kirche Lehrstühle erobert, mit der Folge, dass sich immer mehr junge Menschen von Mathematik und Physik abwenden. Zumindest finde ich diese Entwicklung, wie ich sie in Deutschland beobachte, besorgniserregend. Durch solche Fehlentwicklungen gibt die Wissenschaft keine Orientierung mehr und das halte ich für gefährlich.

Ein Beispiel für den öffentlichen Hype ist die hier in Abb.27 zu sehende Aufnahme eines angeblichen Schwarzen Lochs. Am 11. April 2019 titelte der deutsche Tagesspiegel:

---

87   V. Netchitailo - *5D World-Universe Model. Space-Time-Energy;*
     https://hal.archives-ouvertes.fr/hal-02388103

### »*Wie der Eingang zur Hölle*

*Mit Hilfe mehrerer Radioteleskope ist es gelungen, das Zentrum der Galaxie M 87 abzubilden. ... Die erste echte Aufnahme eines Schwarzen Lochs.* «

Wir erfahren:

*»Im April 2017 haben die Astrophysiker acht Teleskope – auf Hawaii, in Chile, Mexiko, Spanien, den USA und am Südpol - sechs Tage lang auf verschiedene Ziele ausgerichtet und die empfangenen Radiowellen aufgezeichnet. Besonders intensiv beobachtet wurde das mutmaßliche Schwarze Loch im Zentrum der Milchstraße, auch als Sagittarius A* bezeichnet, sowie das der Riesengalaxie M 87. ... Die aufgezeichneten Signale wurden an Superrechnern am MPIfR in Bonn sowie am <u>Haystack Observatory</u> in Haystack, Massachusetts (USA) ausgewertet, um jenes erste Bild eines Schwarzen Lochs zu erhalten.«*[88])

Wieder ein alternativer Fakt! Wer im Physikunterricht aufgepasst hat, hat irgendwann gelernt, dass Radioteleskope Wellenlängen von Millimetern bis Metern empfangen können. Das sind Wellenlängen, die auch von Funkamateuren genutzt werden, deren Ausbreitung durch unsere Ionosphäre beeinflusst werden kann. Damit lassen sich kalte Gasmoleküle wie Wasser, Kohlendioxid und andere Kohlenwasserstoffe, aber auch Aerosole nachweisen. Jeder Amateurfunker hat eine Vorstellung davon, wie solche Wellen entstehen und dass es im Zentrum einer Galaxis  so heiß ist, dass diese Moleküle in ihre Atome und Ionen zerlegt werden und kleinere Strukturen dann auch kürzere Wellen emit-

---

88  https://www.tagesspiegel.de/wissen/bild-von-einem-schwarzen-loch-wie-der-eingang-zur-hoelle/24203672.html

tieren, für die ein Radioteleskop blind ist. Um aus den Radiosignalen ein Bild zu machen, muss man die Wellenlängen um einen Faktor $10^6$ verkürzen.

Aber M87 ist genau die Galaxie, von der auch ein Jet-Stream ausging, den das NASA-Team 2017 beobachtet hat. Nun wurde entsprechend der Theorie stets propagiert, dass in einem Schwarzen Loch alle Materie samt Licht verschluckt wird. Hier zeigt die rechte Seite von Bild 25 genau das Gegenteil von dem, was die Astrophysiker über ein halbes Jahrhundert gepredigt haben. Ein Ionenstrahl schießt aus dem Zentrum der Galaxie M87 heraus, die an ihrem Rand Massen in den Strudel reißt. Diese Beobachtung passt aber hervorragend zu unseren Ausführungen über den Festkörperwirbel unter Abschnitt 4.2.

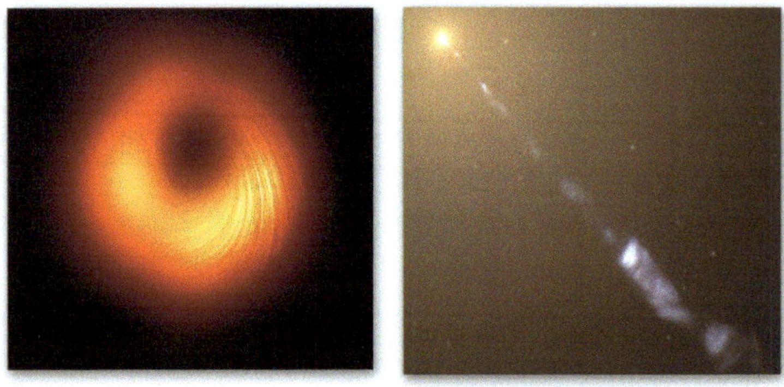

*Abb.27: elliptische Galaxie M87: links Gas- und Aerosolwirbel im IR;*
*rechts mit Jet-Stream im sichtbaren Licht*
*Quelle: EHT Kolaboration & ESO*

Nun hat man Hawking folgend das Schwarze Loch eben umdefiniert und alle Theorie bleibt beim Alten.

Das erinnert mich an die Umdefinition der Arbeitsproduktivität in der DDR, als die Machthaber dort merkten, dass es mit dem Sieg des Sozialismus nach der vorgegebenen Theorie nicht funktionieren wollte.

An dieser Stelle verabschieden wir uns von der alten akademischen Theorie und geben ihre begrenzte Sichtweise auf. Wir haben uns in Kapitel 3 selbstähnliche Fraktale angeschaut und festgestellt, dass Wirbel fraktale Eigenschaften haben. Daher schauen wir uns jetzt um, ob wir in unserer wissenschaftlichen Erfahrungswelt ein Wirbelaggregat kennen, das Materie-Strahlen emittieren kann.

Das gesuchte Gerät ist der *Dense Plasma Focus* (DPF), der in den 1950er Jahren von N.V. Filippov am Kurchatov-Institut in Moskau für Kernfusionsexperimente entwickelt wurde.

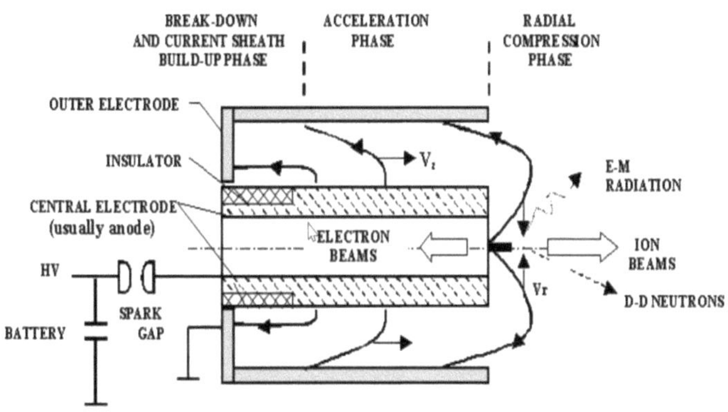


*Abb. 28: Prinzip eines DPF's - Quelle: M.Scholz*

Eine Prinzip-Skizze ist in Abb.28 dargestellt. Das Grundprinzip ist das Zusammendrücken eines Stroms durch starke Magnetfelder am Ende zweier konzentrischer Zylinder. Die Ähnlichkeit mit der Herstellung von Rauchringen ist unverkennbar. Nur hier scheint die Lorentzkraft den Plasmaring stärker zu verdrillen und zu komprimieren. Die nötige Energie kann im Experiment aus einer Kondensatorbank gewonnen werden.

Einen Plasmafokus erkennen wir schon von weitem an seiner elektromagnetischen Strahlung, die bis in den Röntgenbereich reicht. Um ein DPF-Prinzip im Kosmos zu identifizieren, benötigt es außerdem elektrostatisch aufgeladene Aerosolwolken, die mit Radiowellen und den Röntgenstrahlen des Jet-Streams nachgewiesen werden können. Formen sich diese Aerosolwolken zu einem Ring und bilden eine Doppelschicht aus, erhalten wir eine zentrale Hohl-Elektrode und eine äußere Ring-Elektrode, wie die Abbildung 27 zeigt. Nun braucht diese Konstruktion nur noch aufgeladen werden und ein Jet-Stream entsteht. Diese Strahlungskombination von Radiowellen und Gamma-Strahlen verbunden mit einer auffallend starken Rotverschiebung des optischen Spektrums wurde bei Quasaren entdeckt, die nach der alten Theorie am Rande der erkennbaren Welt vermutet wurden und nun in das Zentrum von aktiven Galaxien rücken, wo die Gammastrahlen Kernumwandlungsprozesse signalisieren.

Was die akademische Wissenschaft noch für ein schwarzes Loch in M87 hält, wurde hier als Wirbelstruktur identifiziert. Andere Galaxien haben eine Spiralstruktur mit und ohne Balken. Was ihre Entwicklung betrifft, stehen wir noch ganz am Anfang des Verständnisses und es ist nicht hilfreich, unser Denken in hundertjährige vorgefertigte Theorien quetschen zu lassen. Im Gegenteil, wir müssen jederzeit für echte Alternativen offen sein.


In München Garching widmete sich Halton Arp vor allem in den neunziger Jahren diesen seltsamen Objekten, unterstützt durch die Daten des Satelliten ROSAT, der von 1990 bis 1998 systematisch nach Röntgenquellen im Kosmos suchte. Er erkannte, dass die Kerne aktiver Galaxien Eigenschaften haben, wie sie in DFP's zu finden sind, und dass die Quasare mit solchen Galaxien ziemlich eng verwandt sind, obwohl ihre Rotverschiebung viel stärker ist als die der Elterngalaxien. Seine Beobachtungen legte er in seinem Buch *Seeing Red-Redshift, Cosmology and Academic Science* nieder, dem wohl wichtigsten Werk der Astronomie des späten 20. Jahrhunderts.

Wie so oft in der Wissenschaftsgeschichte erhielt er dafür zu Lebzeiten von seinen Kollegen keine Anerkennung. Im Gegenteil, er wurde nicht selten in seiner Arbeit behindert. Vor allem am Palomar-Observatorium bei San Diego fiel er wegen seiner Theorie über den Kosmos in Ungnade. Das Max-Planck-Institut (MPI) für Astrophysik in München Garching bot ihm ein Stipendium an, das es ihm ermöglichte, seine Arbeit fortzusetzen.

Der ehemalige Direktor Rudolf Kippenhahn des MPI in Garching, besorgt über die Wissenschaftsentwicklung, sagte über Halton Arp:

>*»Wir brauchen Leute wie ihn, sonst besteht die Gefahr, dass sich in der Wissenschaft Cliquen bilden, die keine Kritik von außen zulassen. «*

Arp blieb ein Dissident und in Deutschland weitgehend unbekannt. Ich bedaure, ihn nicht persönlich kennengelernt zu haben, denn als ich seine Bedeutung erkannt hatte, konnte ich keinen Kontakt mehr herstellen. Anlässlich seines Todes schrieb ich unter dem Nachruf *Halton C. Arp - Death of an Astronomer*

*Who Saw Red* auf die Website von *RelativKritisch*[89]) als Kommentar:

> *»Alle großen Gedanken erscheinen dem Durchschnittsmenschen töricht, weil sie nicht der vorherrschenden Lehre entsprechen. Weder Galilei noch Darwin wurden von ihren Zeitgenossen für ihre Ideen anerkannt. Aber hat jemand schon einmal einen botanischen Schatz gesehen, der auf einer ausgetretenen Straße entdeckt wurde? Bei Gedanken ist es nicht anders. Was alle denken, wird nie ausreichen, um eine Entdeckung zu machen. Als Dummkopf oder Spinner bezeichnet zu werden, muss man einkalkulieren, wenn man von einer Idee überzeugt ist. Wer aber Karriere machen will, sollte auf dem vorgegebenen Weg weitermarschieren. «*

Im Gegensatz zu den Stubengelehrten der Astrophysik entstanden seine Ideen aus konkreten Beobachtungen an Teleskopen in kalten, einsamen Nächten.

Fassen wir zusammen, was wir von Halton Arp über Galaxien gelernt haben:  Aktive Galaxienkerne haben eine auffallende Ähnlichkeit mit Quasaren. Aus diesen Kernen werden neben Plasma-Jets auch größere Masseneinheiten ausgestoßen, die auch als Quasare bezeichnet werden. Die Rotverschiebung der Quasare ist nicht kontinuierlich verteilt. Bestimmte $z$-Werte treten gehäuft in Clustern benachbarter Galaxien auftreten, was nicht darauf hindeuten kann, dass sie alle den gleichen Abstand zur Erde hätten.

Vergleichen wir die Eigenschaften von Quasaren mit denen eines DPF, so sind sie einander ähnlich, weshalb wir davon ausgehen können, dass sich im Zentrum einer Galaxie eher ein dichter Plasmafokus  als ein schwarzes Loch, das auf physikalisch unerklärliche Weise Masse und Strahlung verschlingt.

---

89  http://www.relativ-kritisch.net/blog/kritiker/halton-c-arp-tod-eines-astronomen-der-rot-sah

Übereinstimmungen mit der Struktur eines DPF sind zu erwarten, da sich das Zentrum einer Galaxie nicht wie ein Potentialwirbel, sondern wie ein Festkörperwirbel verhält. Aerosolwolken in den Galaxien können aufgrund ihrer riesigen Oberfläche freie elektrische Ladungen binden und so wie riesige Stromspeicher analog zu unseren Gewitterwolken wirken. Diese Aerosolwolken sollen auch für die Radiowellen und die unterschiedlichen spektralen Rotverschiebungen benachbarter kosmischer Objekte verantwortlich sein.

Diese Vermutung kam mir, als ich bei schönem Wetter über Großbritannien flog und den Smog beobachten konnte, der sich in einer Höhe von bei etwa 5000 m über dem Land mit einem rötlich schimmernden Schleier zum Horizont

Abb. 29: Die Tacoma Norrow Brücke kurz vor dem Zusammenbruch

ausgebreitet hatte. Vielleicht ist dieser Aerosolschleier auch für die globale Erwärmung auf der Nordhalbkugel unserer Erde effektiver als $CO_2$, denn er reflektiert die Wärmestrahlung in Richtung Erde ebenso wie die Regenwolken am Nachthimmel die Erde vor Abkühlung schützen.

Aber was ist mit den *Gravitationswellen*, die von einem schwarzen Loch ausgehen sollen, das gar nicht existiert? Jeder hat schon die Erfahrung gemacht, dass je größer eine Masse wird, desto träger ist sie und je dichter sie ist, desto geringer ist ihre Eigenfrequenz. In einem schwarzen Loch soll die Dichte alle Vorstellung übersteigen. Der Zusammenhang von Eigenfrequenz und Dichte wird auch zur Dichtebestimmung genutzt. Um eine Vorstellung davon zu bekommen, wie große Massen schwingen, hier ein paar Beispiele: Erdbebenwellen haben eine Frequenz im Bereich zwischen 0,1 Hz und 30 Hz.

Wie große Massen schwingen, ist auch am Beispiel einer 850 m langen Brücke sehr gut dokumentiert, wie etwa der Unfall beim Einsturz der *Tacoma Narrow Bridge* am 7. November 1940. Kurz vor dem Einsturz hatte sie eine Schwingungsfrequenz von 12 Schwingungen pro Minute oder 0,2 Hz erreicht. Die Brückenkonstruktion war aus Eisen gefertigt und für unsere Erde rechnen wir auch mit einem Eisenkern.

Sollten extrem dichte kosmische Objekte vibrieren und es so etwas wie Gravitationswellen geben, würden wir nach unseren Erfahrungen extrem lange Wellen erwarten, deren Länge wir mit irdischen Mitteln wohl gar nicht messen könnten.

Das LIGO-Experiment zeigt uns auf Abb.30 jedoch Frequenzen von 30 bis 500 Schwingungen pro Sekunde, die das Grundrauschen nicht einmal übersteigen. Diese Schwingungen müssen daher von einem viel weniger dichten Objekt als einem schwarzen Loch ausgehen. Was an diesem Experiment besonders pikant ist, ist die Tatsache, dass von einem inkompetenten Nobelkomitee dafür 2017 erneut ein Physikpreis an Menschen verliehen wurde, die entweder von Physik nichts verstehen oder einfach in den Verdacht geraten, Betrüger zu sein.

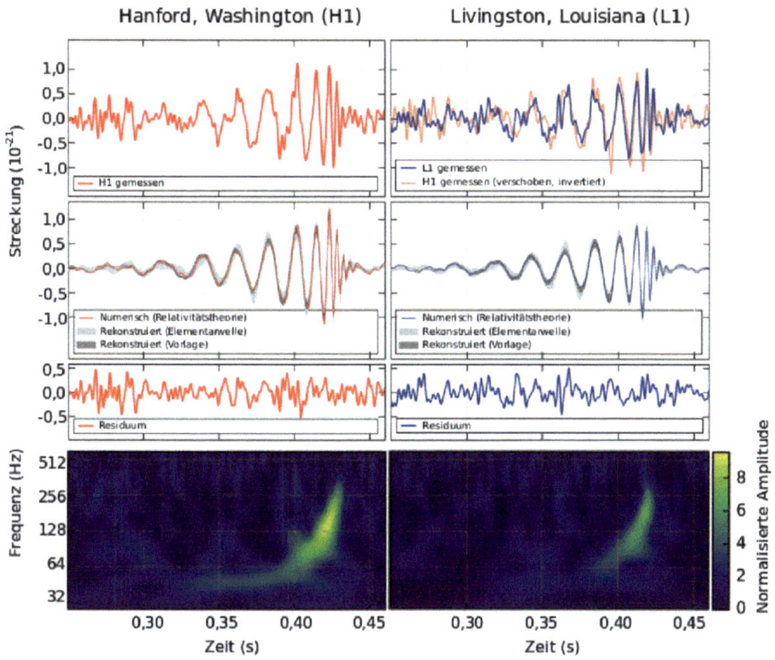


*Abb. 30: Ergebnisse von LIGO zu Gravitationswellen*

Das erinnert doch sehr an Christian Andersens Märchen von des Kaisers neuen Kleidern.

Walter Orlov[90]) entlarvte diesen Betrug, indem er diese Kipp-schwingungen als einen Effekt erkannte, den der Physiker Heinrich Barkhausen bereits 1932 in seiner Einführung in die Schwingungslehre auf S. 34 beschrieb (siehe Abb.31)[91]).Es ist auch

---

90   W. Orlov - *Zirp von LIGO* http://www.walter-orlov.wg.am/zilch_von_ligo/

91   H.Barkhausen – *Einführung in die Schwingungslehre, nebst Anwendungen auf mechanische und elektrische Schwingungen;* Verlag S.Hirzel Leipzig 1932;

sehr kühn, diese Kippschwingungen einem kosmischen Ereignis zuzuordnen, ohne eine wirkliche Beziehung zu einem kosmischen Objekt herstellen zu können und ohne jede physikalische Grundlage zu haben. Orlov empfahl, die recht baugleichen Spektrometer zunächst einer eingehenden Untersuchung hinsichtlich der irdischen Ursachen dieser Kippschwingungen zu unterziehen. Auch hier sollte ein alternativer Fakt geschaffen werden.

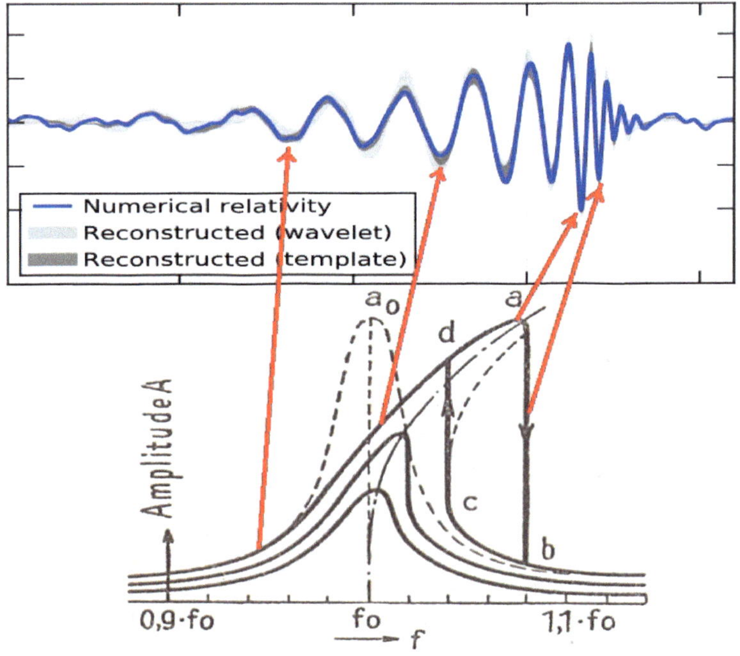


**Bild 25. Verbogene Resonanz-
kurven, Kipperscheinungen.**

*Abb.31: Quelle: Orlov & Barkhausen*

Anders als der Makrokosmos, wo rotatorische Beschreibungen dominieren, wird der Mikrokosmos gewöhnlich mit der Quantenmechanik translatorisch beschrieben. Nun wollen aber Teilchen und Wellen logisch nicht zusammen passen. Auch kann eine Welle kein stabiles Teilchen beschreiben. Wenn man jedoch versucht, aus der Überlagerung vieler verschiedener Wellen ein Teilchen zu erzeugen, muss man feststellen, dass dieses zweidimensionale Gebilde nicht stabil ist.

Eine Welle ist ein dynamisches Objekt über viele Teilchen hinweg, wobei das einzelne Teilchen nur geringe Bewegungen ausführt aber durch die Kopplung mit seinen Nachbarn den Impuls weiterleitet. Dabei gibt es gerichtete und ungerichtete Weiterleitungen.

Anders verhält es sich mit einem dreidimensionalen Wirbelring.

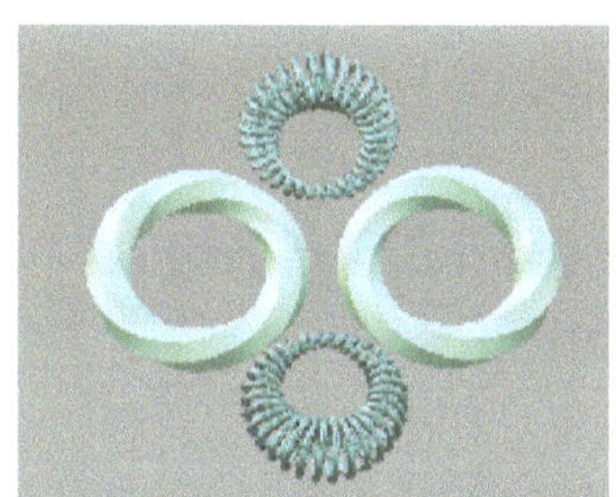

*Abb. 32: diverse Wirbelringe*

Dort ist die Weiterleitung begrenzt. Der Wirbelring kann als ein statisches Objekt aufgefasst werden, dessen Innenleben jedoch sehr dynamisch ist. Als Gedankenstütze mag eine rotierende Luftschraube dienen. Sobald sie sich schnell dreht, können wir nicht mehr entscheiden, wie viele Rotorblätter auf Grund der Unschärfe unserer Wahrnehmung für den Wirbel verantwortlich sind.

Ein anderes Beispiel ist der Transformator. Wenn in der Primärspule ein Strom fließt, wird in der Sekundärspule ein anderer Strom induziert, falls sie über einen magnetischen Wirbel verbunden sind. Nicola Tesla hat zu Beginn des 20. Jahrhunderts einen solchen Transformator zur Kopplung zweier Schwingkreise erfunden. Das Erstaunliche war dabei, dass so ein gekoppelter Schwingkreis bei Erregung Lichtimpulse aussendet.

Im Kapitel 5 betrachten wir die Elementarteilchen als extrem stabile Wirbel entgegengesetzter Ladung infolge zweier aufeinander senkrecht stehender Kräfte und entgegengesetztem Drehsinn. Über die Herkunft der Ladung wollen wir jedoch nicht spekulieren. Wir akzeptieren sie als elementar, im Gegensatz zu den Teilchenphysikern, die sie spalten wollen und ihnen eine innere Struktur andichten. Aus solchen stabilen Wirbelringen lassen sich Strukturen gekoppelter Schwingkreise bauen.
Doch ehe wir uns mit dem Mikrokosmos beschäftigen, werfen wir noch einen Blick auf die größten Strukturen der Materie.

## 4.7  Materie -  Massenverteilung und Sternentstehung

Lange Zeit glaubte man, dass die Massen im Kosmos homogen verteilt seien. Die Frage ist da jedoch nach der Skala für diese Annahme. Doch ein Blick durch unsere Weltraumteleskope zeigt ein anderes Bild. Der Kosmos ist ein Beispiel für eine selbstähnliche fraktale Geometrie. Je weiter man heute in den Kosmos schauen kann, desto deutlicher  erkennen wir seine schwammige, netzartige Morphologie mit einer Ähnlichkeits-Dimension
$$D < 3.$$
Die Frage ist nun: Kann man aus so einem Bild auf die Massenverteilung schließen?  Mike Hudson kann natürlich in jedem die-

ser Bilder die dunklen Flächen ausmessen und sie ins Verhältnis zur Bildfläche setzen.  Er kam auf einen Wert von 23% für die dunklen Flächen aus der Analyse von Tabelle 2.

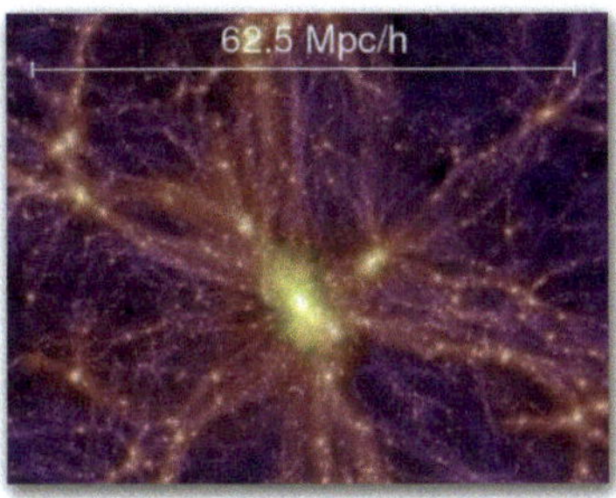

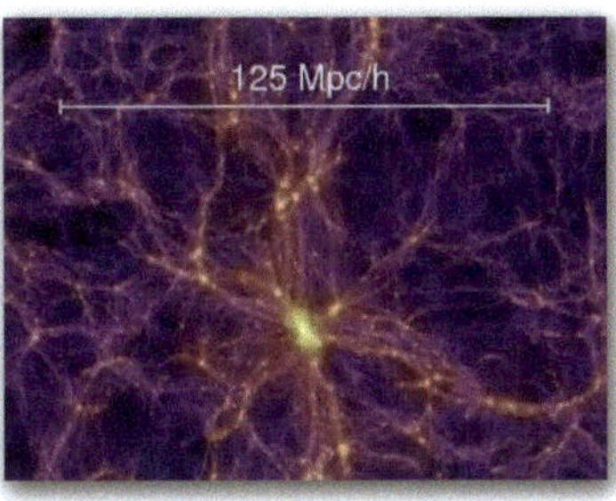


*Tabelle 2:   Das kosmische Netz  - Quelle: Mike Hudson von der Waterloo Universität Kanada 2017*

Daraus entstand die Meldung: *„Forschern ist  erstmals ein Beweisfoto für die Dunkle Materie gelungen".*[92])

Doch was ist schon dunkel? Der Begriff dunkel ist ein physiologischer Begriff. Entweder ist die Intensität der Strahlung zu gering oder ihr Spektralbereich liegt außerhalb des Nachweisbereiches des Detektors. Dunkel bedeutet nur, dass wir darüber nichts wissen. Das ist ein unerträglicher Zustand für Wissenschaftler weshalb weshalb dann beginnen, etwas zu erfinden. Um das Verhalten von Unwissenden zu verdeutlichen, habe ich aus dem rechten Bild von Tabelle 2 die Farbe herausgenommen und die Farbkurve etwas manipuliert. Das entspricht der Variation der Exposi-

---

92  https://weather.com/de-DE/wissen/astronomie/news/kosmisches-netz-existiert-forschern-ist-erstes-beweisfoto-dunkler-materie

tionszeit, die in der obigen Tabelle mit einer Stunde angegeben ist. Das Ergebnis erhalten wir in Tabelle 3.

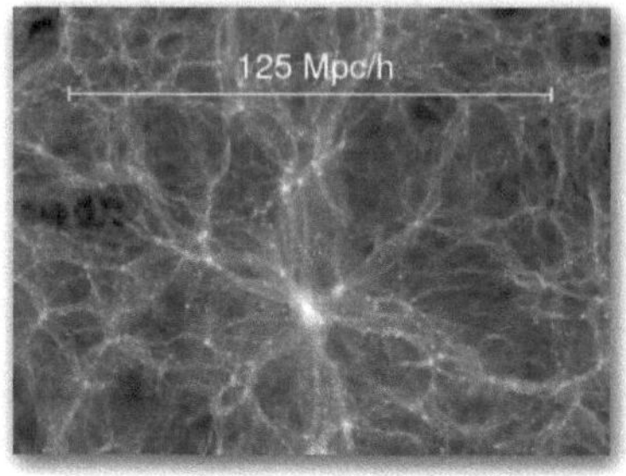
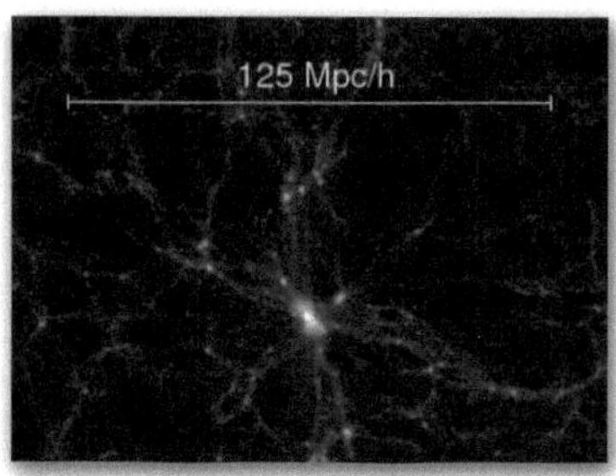


*Tabelle 3: linkes Bild aus Tab.2  –  Manipulation an der Farbkurve*

Man erkennt sofort, dass es sich bei der Bezeichnung „dunkel" nur um ein Problem der Empfindlichkeit des Detektors handelt.

Wenn es also keine andersartige Materie gibt, Aggregationsscheiben, Explosionen und Zusammenstöße von Massen im Kosmos keine entscheidende Rolle für die Strukturbildung spielen, wenn es keinen Urknall gab, der die Massen homogen im Weltall verteilte, was schafft dann die Strukturen, die wir beobachten? Welche Kraft ist in der Lage, kosmische Wirbelstrukturen zu formen und weit verteilte Massen zu glühenden Körpern zu verdichten?

Dem interessierten  Schüler wird als Ergänzung zum Physikunterricht eine Grafik nach Klaas de Boer wie Abb. 33 angeboten, wenn er sich über die Massen im Kosmos informieren will.

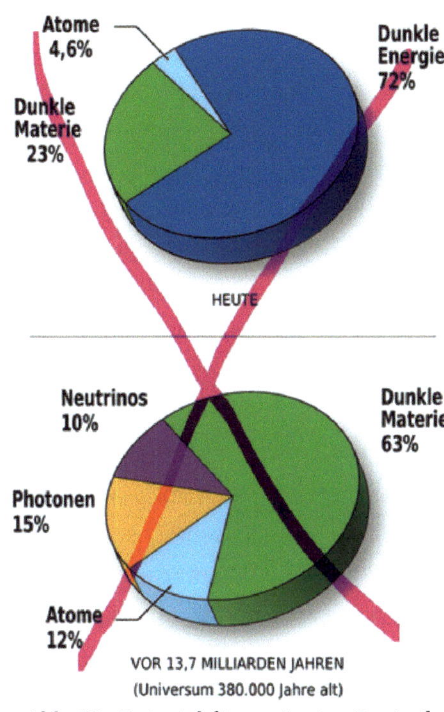



*Abb. 33: Beispiel für unsinnige Statistik*

An der Grafik fällt auf, dass zwischen Atomen, Materie und Energie unterschieden wird, als kenne man die Grundgleichung der Energie nicht. Der Begriff Materie ist eine philosophische Kategorie unter der es eine Reihe spezifizierender Begriffe gibt.

Schon Friedrich Engels erkannte, dass die Haupteigenschaft der Materie ihre Bewegung ist. Lenin fügte hinzu, dass alles, was außerhalb unseres Bewusstseins existiert, Materie ist.

Wenn wir die Physik als die Lehre von den Bewegungsgesetzen der Materie verstehen wollen, brauchen wir Begriffe, die die Materie spezifizieren, denn die Materie selbst hat keine Maßeinheit. Die Masse kommt in Form von vier Aggregatzuständen oder Phasen wie Plasma, Gas, Flüssigkeit und Festkörpern vor. Aber die Masse dieser Phasen mit der Materie gleichzusetzen, ist nicht akzeptabel, da Masse nur eine nicht-abzählbare Menge von Elementarteilchen darstellt. Als Verbindungen von Masse mit Bewegung haben wir  die physikalischen Begriffe Energie, Impuls und Kraft. Folglich ist der Materiebegriff innerhalb der Physik mehrdeutig.


In allen vier materiellen Phasen sind Atome mit verschiedenen Entropie-Gehalten enthalten. Der Entropie-Gehalt ist für die Struktur der Phase verantwortlich. Atome sind aber Bestandteile „gewöhnlicher" Materie. Photonen, also Lichtimpulse gehören auch zur Materie. Neutrinos sind dagegen immaterielle Erfindungen.
Mit anderen Worten, *Dunkle Materie* sei ungewöhnliche Materie. Nur gibt es für ungewöhnliche Materie keine physikalischen Gesetzmäßigkeiten und was an dieser Materie ungewöhnlich sei, ist, dass sie nur Gravitation enthalten solle und keine elektrische Ladung, denn diese will die akademische Astrophysik im Kosmos nicht haben. (Offensichtlich hat man Cavendishs Drehwaage vergessen!) Der Spektroskopiker entnimmt aus den optischen Spektren von Galaxien und Sternen, dass der größte Teil der kosmischen Atome im Periodensystem der Elemente bei Massenzahlen, besser Mengenzahlen, kleiner gleich 60 angesiedelt sind.


Nun könnte es aber sein, dass anstelle von dunkler Materie der Dunkelmodus des kosmischen Plasmas gemeint ist. Trägt man nämlich die Spannung pro Meter über dem Strom pro Quadratmeter auf, so kann man nach D. Scott an der Kennlinie drei Bereiche: den Dunkelmodus, den Glühmodus und den Entlademodus unterscheiden. Aus der Helligkeit einer „Plasmaoberfläche" in einer Hohlkugel auf kann man dann auf die Ladungs- und damit auf die Massendichte pro Flächenelement schließen.

An der Rotfärbung des Glühmodus kann man darauf schließen, dass der größte Teil aller Masse jedoch Wasserstoff ist, wie man auch aus den Spektren von Sternen und Galaxien entnehmen kann. Die Rotfärbung rührt von der $H_\alpha$-Linie bei 656 nm her und ein Blauanteil kommt von der $H_\beta$-Linie bei 486 nm. Wir sehen aber auf die Entfernung in Größenordnungen von Mpc nur das selbstleuchtende Plasma im Glühmodus. Nur in unserem Sonnensystem empfangen wir reflektiertes Licht von nicht selbst leuchtender Materie.


Wir können aus den obigen Bildern entnehmen, dass die hell leuchtenden Sterne in die glühenden Filamente der Plasmaströme eingebettet sind. Das ist mit der klassischen Vorstellung von Aggregationsscheiben um Gravitationspunkte nicht zu verstehen. Da muss ein anderer Mechanismus dafür verantwortlich sein. - Es ist das Plasma selbst mit seiner Ladungsverteilung. Ein elektrischer Strom verursacht ein Magnetfeld und wie wir schon in der Schule gelernt haben, ziehen sich zwei parallele Leiter vermittels der Lorentzkraft an. Stellt man sich einen Plasmastrom vor, dann erfährt der, da er aus vielen einzelnen Stromfasern besteht, eine Einschnürung oder Verkneifung.
Dieser Effekt wird als *Z-Pinch-Effekt* bezeichnet. Das ist auch der Grund, warum eine elektrische Entladung immer einen Blitz hervorruft und keinen großflächigen Entladungsquerschnitt produziert. Es entsteht dadurch in einem Blitz eine hohe Stromdichte, was nur mittels großer Massendichte realisierbar ist.
Das bestätigt die Bennett-Gleichung, die für das elektrische Schweißen von Bedeutung ist. Der Entladungsstrom ist da pro-

portional der  Wurzel aus dem Produkt der Ladungsträgerdichte und der Temperatur. So wird das flüssige Material von der stromdurchflossenen Elektrode abgetrennt.

Im Kosmos sehen wir diesen Z-Pinch-Effekt in Form des Planetaren Nebels. Dort ist eine Verdichtung eines Plasma-Filaments zu sehen, in dessen Zentrum sich ein neuer Stern formiert. Eines der schönsten Beispiele ist der **Schmetterlingsnebel**, auch als **M2-9** bekannt. Er ist  im Sternbild Schlangenträger zu finden und ist etwa 700pc von der Erde entfernt. An diesem Nebel sieht man in Abb.34 die ineinander verschachtelten Hohlzylinder  eines Birkeland-Stromes,  wie er auch in der Jupiter-Atmosphäre an dessen Polkappen auftritt, besonders deutlich.

Anhand der vorgestellten Beispiele dürfte inzwischen klar geworden sein, dass als gestaltende Kraft die auf ein zweidimensionales Modell  zurückgehende Gravitationskraft  im  Makrokosmos nicht ausreicht.

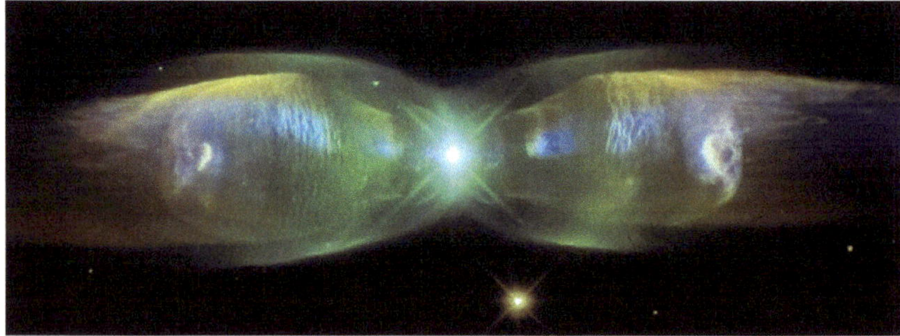

*Abb. 34: Schmetterlingsnebel M2-9  - Quelle: NASA*

Es sind  die  senkrecht  aufeinander  stehenden  elektromagnetischen Kräfte, die die Formgebung im Kosmos bestimmen, und die Magnetohydrodynamik  ist das geeignete Werkzeug zu ihrer

Beschreibung, allerdings nicht mehr mit globalen Differenzialgleichungen, sondern mit Algorithmen für ein Feld von Raumzellen.

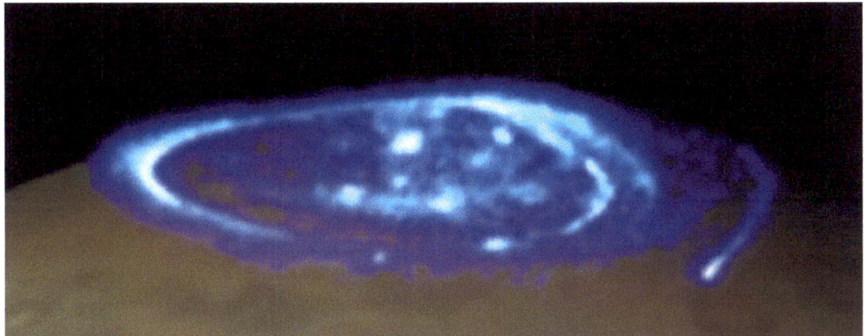

*Abb. 35: Aurora an der Polkappe in der Jupiteratmosphäre - Quelle NASA*

Abb. 35 zeigt besser als unsere irdische Aurora die Querschnitt-
Struktur eines Birleland-Stromes, die auffällig dem Wirbel-Ma-
gnetfeld um einen geraden elektrischen Leiter ähnelt, das mit Eisenfeilspänen sichtbar gemacht wurde.

# 5 Strukturierte Atommodelle

*Die Idee der Atomenergie ist illusionär, aber sie hat die Köpfe so stark ergriffen, dass, obwohl ich 25 Jahre lang dagegen gepredigt habe, immer noch einige glauben, dass sie realisierbar ist.*

- Nicola Tesla 1931

Im Gegensatz zu Nicola Tesla meint man seit Heisenbergs Anwendung der Quantentheorie auf die Kernkräfte im Atom, dass diese von den elektromagnetischen Kräften unabhängig seien. Sie müssten stärker als die elektrische Coulombkraft sein, da sonst der  Kern nicht stabil wäre. Als Argument werden sogenannte Spiegelkerne, Atomkerne mit vertauschter Protonen- und Neutronenzahl, angeführt, wie etwa $^3$H und $^3$He. Bisher wurden im Atom jedoch nur Elementarteilchen mit entgegengesetzter elektrischer Ladung gefunden. Haben diese Kräfte etwas mit der besonderen Struktur der Atome zu tun? Wir wollen es herausfinden.

Wer mit offenen Augen durch die Welt geht, bemerkt, dass die Natur auf allen Ebenen eine bewährte Struktur zu wiederholen scheint. Aber generell fällt es den Physikern schwer, Strukturen zu beschreiben, da die Punktmechanik kein Maß dafür entwickelt hat.  In der Dynamik ist es der  Wirbel, der geometrisch als Helix beschrieben wird. Eine weiter Wirbelform ist der Spiralwirbel, der von der  Zylinderform über die Kegelstrumpfform in eine Diskusform übergeht.  Letztere hat in der Rotationsachse einen Ausgang.  Wir kennen auch eine mathematische Struktur, die einen Wirbelring beschreibt, das ist der Rotationsoperator *rot,* wie schon unter 4.3 beschrieben. Er wird als Vektor senkrecht zur Drehrichtung dargestellt.

Es ist daher überraschend, dass es in der Physik eine mittlerweile unvereinbare Trennung von Makro- und Mikrokosmos gegeben hat, die sich einerseits durch die Beschreibung des Makrokosmos mittels Relativitätstheorie und andererseits durch die Beschreibung des Mikrokosmos mittels der Quantentheorie manifestiert hat.

Wenn wir in den obigen Kapiteln den Makrokosmos ohne Relativitätstheorie betrachtet haben, haben wir in erster Linie einen Wirbel in der $(r, \varphi)$-Ebene betrachtet und dann den Wirbel in die $z$-Richtung erweitert. Die Wellenfunktion der Quantentheorie können wir dann als eine Projektion der Helix in die $(r,z)$-Ebene auffassen. Ein Quantum ist nichts als eine abzählbare Menge, gemeint ist aber der Übergang von einer kontinuierlichen Betrachtungsweise im Makrokosmos zu einer Betrachtungsweise der Materie im Mikrokosmos mit den Methoden der Frequenzanalyse. Doch wo ist der Übergang von einer zur anderen Betrachtungsweise? Viele Jahre hat man sich bemüht, die künstlich aufgerissene logische Lücke zwischen beiden Betrachtungsweisen wieder zu schließen.

In diesem Kapitel wollen wir die Wirbelidee als in sich verschachtelte Fraktale auf den Mikrokosmos ausdehnen, zumal Maxwell keine Angaben über die Größe der elektrischen und magnetischen Wirbel gemacht hat. Aber zuerst müssen wir uns damit auseinandersetzen, was diese Sichtweise behindert.

# 5.1 Über die Bausteine der Materie

Die Wellenfunktion der Quantenmechanik kann als Projektion der helixartigen Bewegung eines Wirbels in die (r,z)-Ebene verstanden werden. Allerdings ist der mathematische Apparat mit seinen Operatoren und seinen Eigenwerten zur Beschreibung der Bewegungszustände ziemlich unanschaulich, was die Gefahr einer Fehlinterpretation der physikalischen Tatsachen birgt.

Ein Beispiel für eine solche Fehlinterpretation ist der *Spin*, der bereits unter Abschnitt 2.7.4 behandelt wurde. Die akademische Elementarteilchenphysik unterteilt ihre Teilchen bekanntlich nach dem Spin in zwei Hauptgruppen, in *Bosonen* und *Fermionen*. Doch was nützt die Theorie, wenn es in der Realität nur ein magnetisches Moment gibt?

Die naheliegende Schlussfolgerung aus den Maxwell-Gleichungen wäre, dass das **Elektron ein elementarer elektrischer Wirbelring** mit einem magnetischen Wirbelfeld darum ist. Die Tatsache, dass die Elektronen in einem inhomogenen Magnetfeld in zwei Gruppen aufgespalten werden, impliziert die Vorstellung von einer Spiegelsymmetrie ihrer magnetischen Momente. Das würde bedeuten, dass sich die magnetischen Momente der Elektronen in den Orbitals aufheben würden, um ein Energieminimum zu erreichen.

Stattdessen hat sich die zweifelhafte Ansicht durchgesetzt, dass das Elektron ein magnetisches Dipolfeld hätte, was allerdings seinem elementaren Charakter widerspräche.

Ein anderes Beispiel der Fehlinterpretation ist die Stringtheorie, die auf die Entdeckung Gabriele Venezianos aus dem Jahre 1968 zurückgeht, dass stark wechselwirkende Elementarteilchen keine feste Form mehr haben, was bei Wirbeln ja tatsächlich auch zutrifft.

Bisher hatte man Elementarteilchen als Massenpunkte angesehen. Nun stellte man fest, dass sie eine Ausdehnung haben müssen, aber mit der Abstraktion der Wirbel zu eindimensionalen Strings von Leonard Susskind führte das zu Problemen, denn die Stringtheorie sollte, wie Smolin berichtet[93]), einerseits mit Einsteins spezieller Relativitätstheorie und andererseits auch mit der Quantentheorie konsistent sein, also zweier völlig verschiedener Betrachtungsweisen. Das führte zu den absurden Bedingungen, dass die Welt 25 Raumdimensionen haben müsse und ein Teilchen existieren müsse, welches sich schneller als das Licht bewegt. Es müsse Teilchen geben, die niemals zur Ruhe kämen und schließlich dürfte es weder Fermionen noch Quarks geben. Letztere Auffassung könnte ich teilen, wenn auf den Spin verzichtet wird. Dann wäre eine Einteilung der Elementarteilchen in Fermionen und Bosonen obsolet.

Doch je weiter mit den Konzepten geforscht wurde, desto größer wurden die Absurditäten, auch wenn die Superstring-Theorie den Hyperraum auf zehn Raumzeitdimensionen begrenzen konnte, kam Susskind zu dem Schluss, dass es ganze Landschaften von Theorien gäbe[94]). Doch vom gesamten Teilchenzoo der Teilchenphysiker bleiben wenigstens die beiden Elementarteilchen, das Elektron und das Proton als stabile Teilchen mit entgegen-

---

93   L. Smolin – *Trouble with Physics*  Mariner Book 2007 S.104
94   L. Susskind - *The Anthropic Landscape of String Theory*; Department of Physics Stanford University Stanford, CA 94305-4060

gesetzter Ladung übrig. Auf die Idee, dass mit den gewählten Voraussetzungen etwas nicht stimmen könnte, kam man nicht.


Bezüglich der Quarks als Bestandteile der Elementarteilchen ist zu bemerken, dass die Vorstellung von elektrischen Dipolen den Verdacht nährte, dass die Fermionen nicht elementar seien, weshalb die Idee von den Quarks 1964 von Murray Gell-Mann[95] eingeführt wurde. Doch Quarks mit „Farbladungen" hat man nie beobachtet.

Lässt man jedoch die Annahme von Dipolen auf der Ebene von Elementarteilchen fallen und sieht den Wirbelring, dessen Ladung in ewiger Bewegung ist, als elementaren Baustein der Materie an, so vereinfacht sich unser Modell vom Mikrokosmos enorm. Denn spaltet man einen Wirbelring, wird er in kürzester Zeit wieder zu einem Ring zusammenfinden.

Wir können die Maxwellschen Gleichungen bis auf das Atom anwenden. Folglich wird eine Stromschleife eines freies Elektrons wegen der inneren Lorentzkraft sich bis zu einem Knäuel zusammenringeln. Erst unter Einwirkung eines äußeren Feldes wird sich diese  Schleife wieder aufdröseln.


Wenn wir 2,81 fm für den Elektronenradius und 0,84 fm für den Protonradius annehmen, erhalten wir für das Elektron ein 26-mal größeres Knäuel-Volumen als für ein Proton. Wir können nicht wissen, welche Formen Elektron und Proton wirklich annehmen. So kleine Strukturen kann man nicht mehr optisch auflösen. Andererseits beträgt das Massenverhältnis von Elektron zu Proton 1/1836. Um sich dennoch ein Bild davon zu machen, kann man es mit einem Wolkenwirbel aus einem Kilogramm Wasserdampf

---

95  M. Gell-Mann - *A schematic model of baryons and mesons.* In: *Physics Letters B.* Band 8, 1964, S. 214.

vergleichen, der ein Luxusauto umhüllt. Trotzdem wird das Elektron in den meisten Fällen als optisch klein im Vergleich zum Proton dargestellt, was den wirklichen Verhältnissen nicht Rechnung trägt.


Auch die Vorstellung, dass  positive Protonen und neutrale Neutronen im Atomkern getrennt nebeneinander existieren könnten und die  abstoßende Coulombkraft durch imaginäre Kernkräfte überkompensiert würden, ist absurd, da es dafür keinen Verursacher gibt.  Da Neutronen keine stabilen Teilchen sind, sondern innerhalb von etwa 15 Minuten in Elektronen und Protonen zerfallen, gibt es keinen Grund zur Annahme, dass sie im Kern als selbständige Teilchen existieren würden.  Das Proton neigt eher dazu, vom negativ geladenen Wirbel einer Elektronenwolke durchdrungen zu werden. Ein außerhalb des Atomkerns vorhandenes Neutron wäre dann ein Proton, das in einen Elektronenwirbel eingebettet wäre und sein Zerfall ist dann auch nicht notwendig von der Emission eines Neutrinos begleitet, wie schon unter Abschnitt 2.7.5 diskutiert.

Mein Verdacht, Neutrinos seien so etwas wie des „Kaisers neue Kleider", bestätigte sich, als ich eine Arbeit des Kernphysikers Carl W. Johnson fand. Nach Carl W. Johnson[96] wäre die auf ein Neutrino übertragene Energie so gering, dass sie nicht einmal für die Ionisierung eines Ionenpaares ausreichen würde. Johnson schreibt:

*»Einfache Mathematik scheint zu leugnen, dass atomare Neutro-*

---

96   C. W. Johnson - *Nuclear Physics may be Fairly Simple;*
       http://mb-soft.com/public4/nuclei7.html

*nen in Atomkernen existieren könnten. Die hoch angesehene NIST-Datenbank[97]) mit Tausenden von atomaren Isotopen hat eine zehnstellige oder bessere Genauigkeit für jede Isotopenmasse. Die ganze Mathematik scheint zu beweisen, dass keine selbst-bindende Neutronenenergie in irgendeinem Atomkern existieren kann. Zum Beispiel hat die einfache Tritium-Version von Wasserstoff eine NIST-Atommasse von genau 3,0160492779 AMU (Atomic Mass Units). Mit einer Halbwertszeit von etwa 12,33 Jahren zerfällt eines seiner Neutronen in ein Proton und ein Elektron, um ein Helium-3-Atom mit einer NIST-Atommasse von genau 3,0160293201 AMU zu werden. Die NIST-Daten erklären, dass der Zerfall auch Strahlung von genau 0,000199578 AMU abgibt. Rechne nach! Diese einfache Mathematik, bei der die genaue AMU des beginnenden Tritium-Atoms immer noch genau identisch mit der Summe des resultierenden Helium-3-Atoms und der Strahlung ist.«*

Schließlich kommt er zu dem Schluss:

**»Atomkerne dürfen keine Neutronen oder Neutrinos enthalten.«**

Auch hier hat sich gezeigt, dass sich ein geistiges Produkt nach dem Vorbild der *Empfängnis Mariens* im Laufe der Zeit auf wundersame Weise materialisiert hat, denn die Neutrinos werden benötigt, um zu erklären, wie nach dem klassischen Sonnenmodell die Sonne ihre Energie aus ihrem Inneren an die Oberfläche transportiert, ohne jedoch eine Erklärung dafür zu haben, dass die Sonnenoberfläche viel kälter ist als die darüber liegende Sonnenkorona.

## 5.2 Das elektrostatisch strukturierte Atommodell

In der Schule lernen wir, dass ein Atomkern aus positiven Protonen und elektrisch neutralen Neutronen besteht und um diesen

---

97   NIST - National Institute of Standards and Technology  der USA

Kern herum eine negative Elektronenhülle liegt, die das Atom im Ladungsgleichgewicht hält. Diese Annahme resultiert aus der Erfahrung mit der Kernspaltung, die infolge von entstandenen Neutronen immer neue Atomkerne spaltet.

Die Anzahl der Protonen im Kern bestimmt die Anzahl der Elektronen in der Schale und damit auch die Ordnungszahl im Periodensystem der chemischen Elemente. Die starken Kernkräfte sollen die positiv geladenen Protonen zusammenhalten, die aufgrund der gleichartigen Coulomb-Kräfte auseinander fliegen sollten. Die schwachen Kernkräfte wären für die radioaktive Umwandlung der Elementarteilchen verantwortlich.

Im Laufe der Jahre wurden eine Reihe von Kernmodellen entwickelt. Aber keines von ihnen hat bisher alle Eigenschaften von Atomkernen zufriedenstellend erklären können. Auch hat keines dieser Modelle die interne Struktur ausreichend berücksichtigt.

Das Bild hat sich seit Johnsons Entdeckung geändert. Anstelle von Neutronen haben wir weitere Protonen und *Kernelektronen*, die praktisch als negative Ladungswolke für den elektrostatischen Zusammenhalt der Protonen verantwortlich sind. Dadurch entfallen die Kernkräfte. Auf den ersten Blick ein sehr plausibles Bild.

Dieses Bild wird von Edo Kaal[98] propagiert, den ich persönlich auf der EU2017 in Phoenix, Arizona kennengelernt habe. Ich besuchte die Tagung dort auf Einladung der Thunderbolts-Commu-

---

98  https://structuredatom.org/team

nity, die ich bei der Verbreitung der Ideen über das Elektrische Universum (EU) durch Übersetzungen unterstütze.

Fasziniert hat mich der Atom-Builder, ein Computerprogramm, das Kaal gemeinsam mit seinem Kollegen James Sorensen vorgestellt hatte, mit dem dreidimensionale Atomkernmodelle aus kugelförmigen Protonen zusammengesetzt und deren Eigenschaften modelliert werden können. Um die Sache noch eindrucksvoller zu verstehen, verwendete er kugelförmige Neodym-Magnete, von denen er mir einige geschenkt hat.

So schön mir das Modell auch erschien, ich empfand einen Widerspruch zwischen den Eigenschaften der Magnete und dem elektrostatischen Modell und warum auch werden im Atomkern zwei unterschiedliche Kräfte beobachtet und wie passt das Modell in die Maxwellschen Wirbelgleichungen? Auf Grund meiner Ausbildung  am Institut für angewandte Radioaktivität in Leipzig vermisste ich auch die Regeln, nach denen Atomkerne sich umwandeln können.

Mit diesem stillen Zweifel verließ ich die Konferenz und spielte mit den Magneten, bis ich einen anderen Ansatz fand.

## 5.3 Ein atomares Wirbelmodell

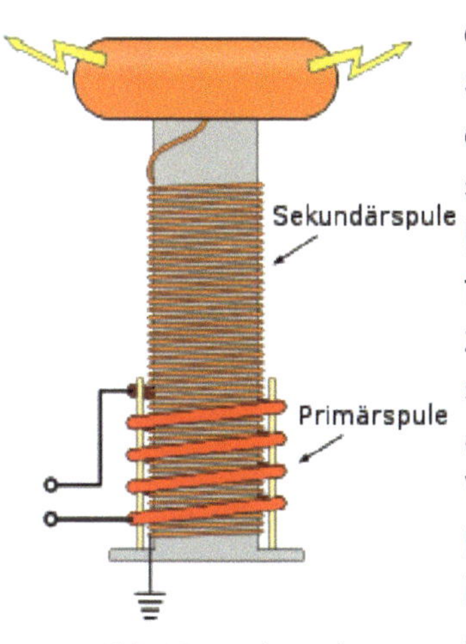



*Abb.36: Teslaspule*

Eines Tages erinnerte ich mich an die von Nicola Tesla entwickelte Spule und daran, dass Tesla 1891 damit zwei gekoppelte Schwingkreise hatte, die bei Erregung Lichtwellen aussandten. Das Prinzip ist einfach. Um einen massiven Kern sind zwei Wirbel in Form einer Primärspule mit wenigen Windungen und einer Sekundärspule mit vielen Windungen angeordnet. Wie weit kann nun eine solche Struktur verkleinert werden, ohne ihre Eigenschaften zu ändern? Maxwell machte hierzu keine Angaben.

Eine Verkleinerung der Wirbel bis auf Atomgröße liefert ein Modell mit einem großen Stromkreis als Atomhülle und einem kleinen Stromwirbel im Atomkern, wobei der kleine Wirbel entsprechend schneller dreht und dadurch mehr Windungen generiert. Während die Elektronenhülle als Primärwicklung wirkt und die Sekundärwicklung durch die Kernelektronen gebildet wird, die durch einen massiven Kern aus Protonen wirbeln, enthält dieser Kern etwa 99,95 % der Masse. Das Massenverhältnis ist bei unserer Teslaspule ähnlich und die Primärwicklung ist um drei Größenordnungen größer als die Sekundärwicklung.

Nachdem ich bereits in meinem Buch *Moderne Astrophysik trifft auf Ingenieurwissenschaften* das Konzept eines „Tröpfchenatoms" bestehend aus Elektronen- und Protonen skizziert hatte, wobei die Elektronen die Protonen einhüllten, stieß ich beim Studium der Physikgeschichte auf die Wirbeltheorie von Hermann von Helmholtz, basierend auf den ersten Überlegungen zu einer mechanische Wirbeltheorie des Kosmos von René Descartes. Inspiriert von Helmholtz, arbeiteten bereits  im späten 19. Jahrhundert  William Thomson, William Hicks und Joseph. J. Thomson an dem Modell eines Wirbelatoms. [99]) Auch auf mich machte Helmholtz Wirbeltheorie einen nachhaltigen Eindruck.

Schon 1869 schlug William Thomson vor,  anzunehmen, dass Atome Wirbelringe im Äther seien.  Gibt es da nicht etwa eine fraktale Ähnlichkeit zu makroskopischen Strukturen?  Der englische Mathematiker William Kingdon Clifford wird bei Antje Pfannkuchen[100]) zitiert:

> *»Allein die Wirbelbewegung macht aus einem imponderablen Äther ponderable Materieteilchen; und auch der Grad der Härte oder Elastizität fester Körper würde allein durch „the very rapid motion of something which is infinitely soft and yielding" bestimmt.«*

Wirbel-Bewegungen wären somit der Anfang aller Dinge.

Fasst man also die Elementarteilchen selbst als Wirbel auf, so bilden Elektron und Proton ein verschränktes Wirbelpaar. Die Deutung des von Klaus von Klitzing 1980 entdeckten Quanten-Hall-Effekts durch ein Torus-Modell von Klaus Gebler erhärtet diese Annahme[101]).

---

99   H. Kragh  - *The Vortex Atom: A Victorian Theory of  Everything;*
     https://onlinelibrary.wiley.com/doi/abs/10.1034/j.1600-0498.2002.440102.x
100 A. Pfannkuchen - *Vom Vortex zum Vortizismus; II*
     http://www.newvortex.de/vortex2.html [73] Clifford (1875) S. 784.
101 K. Gebler  - *Ein Torus-Modell für Quantenphänomene, dargestellt am Quanten-Hall-Effekt:* unveröffentlichtes Manuskript

*Abb. 37:*
*Elementarmagnet*
*aus 2 Protonen und*
*Elektron*

Dann wären die Kernkräfte nicht elektrostatisch, sondern magnetisch, denn die Protonen übernehmen die Rolle der magnetischen Transformatorkerne für den Magnetfluss. Aber wie muss man sich den Aufbau innerhalb eines Atomkerns vorstellen? Allerdings muss ich die Vorstellung aufgeben, dass Elektronen und Protonen feste Kugeln seien. Um Maxwell-konform zu sein, stellen wir uns das Proton als einen Donut-förmigen magnetischen Wirbel vor. Dann ist das Elektron ein ebensolcher elektrischer Wirbel, der den magnetischen Wirbel wie ein Kettenglied das andere durchdringt. Um einen Elementarmagneten zu bauen, benötigt man zwei magnetische Wirbel, dargestellt durch zwei rote Ringe, die von einem elektrischen Wirbel durchdrungen werden, dargestellt durch einen blauen Twist-Ring, wie Abb.37 zeigt.

So habe ich mir das Innenleben von Edos Magnetkugeln vorgestellt. Ein Elektronenwirbel ist ein ziemlich großer String, wenn man ihn sich als abgewickelten Stromkreis vorstellt. Die Lorentzkraft kann ein freies Elektron bis zur Größe des klassischen Elektronendurchmessers verdrillen. Es ist schwer vorstellbar, dass sich statisch abstoßende Elektronenkugeln in einem elektrischen Feld zu einem Stromfaden zusammenziehen, wie es der Pincheffekt beim Schweißen zeigt. Elektronenstrings mit gegenläufigem Moment dagegen passen schon eher in das Bild eines Stromfadens.

So wie Tesla-Schaltungen mehrere Resonanzspulen (Induktivitäten) enthalten können, begann ich mit dieser Idee, Atommodelle aus meinen „Tröpfchen-Magneten" zu bauen. Das war einfach, solange die Atome eine gerade Ordnungszahl hatten.  Aber was ist mit den Atomen ungerader Ordnungszahlen?

Hier kommt mir die Natur zu Hilfe. Schauen wir uns die Kerne der Wasserstoffisotope Deuterium und Tritium an. Während Deuterium ein stabiles Isotop ist, hat Tritium eine Halbwertszeit von etwa 12,3 Jahren.  Der Tritiumkern mit der Ordnungszahl 1 und zwei „Neutronen", also drei Protonen und zwei Kernelektronen, wird durch Abgabe eines Elektrons in einen stabilen $^3$Heliumkern umgewandelt. Damit erklären sich die Kernkräfte der Spiegelkerne selbst. Es handelt sich dabei einfach um die Kräfte eines Magneten an seinen Polen und seinen Flanken.

Abb.38 zeigt die identifizierten Kernbausteine gemäß den Maxwellschen Wirbelgleichungen. Der Einfachheit halber stellen wir das Proton $p$ als rot gefärbten Donut und das *Kernelektron e* als blau gefärbten Twistring dar und da das Elektron größer als das Proton zu sein scheint, werden wir zusätzlich eine blaue Kugelschale um eins, zwei oder drei Protonen mit den *Massenzahlen M* eins, zwei und drei legen.

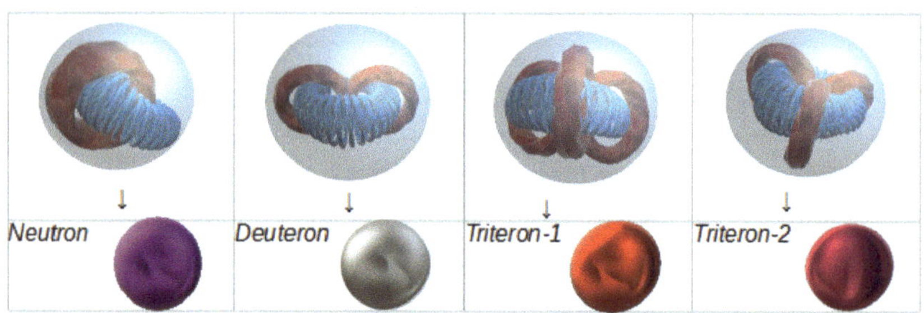


*Abb.38: Kernmodule, Die Farbsymbole dieser Module zeigt die untere Zeile*

Die Masse der Kernelektronen ist für unser Modell irrelevant.
Die Summe der elementaren Momente wird zu einem Minimum, wenn die Stabilität am höchsten ist. Die Hüllenelektronen werden über die Ordnungszahl $Z$ berücksichtigt.

## Der Quotient $Q_p = M / (M-Z)$ ist wichtig für die Beurteilung der Stabilität eines Atomkerns.

Der Nenner $M$-$Z$ ist im alten Modell die Anzahl der Neutronen. Hier ist es die Anzahl der Kernelektronen. Es stellt sich heraus, dass dieser Quotient für ein neutrales Atom im Ladungsgleichgewicht gleich 2 sein sollte. Wenn es größer als 2 ist, werden Elektronen eingefangen, um den Kern zu stabilisieren. Das Elektron wird aus der Schale entnommen und die Ordnungszahl wird reduziert. Der Nenner wird dadurch größer. Für den Fall, dass der Quotient kleiner als 1,85 ist, besteht die Tendenz zur Abgabe eines Elektrons und die Ordnungszahl erhöht sich um 1, was den Nenner verkleinert und den Quotienten in Richtung 2 bewegt. Das stabilisiert den Atomkern. Aber 1,85 ist kein absolutes Limit für Stabilität. Kleine Abweichungen nach unten werden beobachtet. Es zeigt sich jedoch, dass die Ladung des Protons in der Regel durch zwei Elektronenladungen gesättigt ist, eine vom Kern und eine von der Schale. Dies wiederum zeigt die Ähnlichkeit mit einer Tesla-Spule, wenn man sich den Elektronenwirbel als Induktivität vorstellt.

Wir können ein Neutron aus einem roten Wirbel und einem blauen Wirbel bauen, wie aus Abb.38 ersichtlich ist. Wie man sieht, ist ein Neutron nach obigem Quotienten keineswegs neutral, sondern ein sehr aggressives Teilchen, das die Tendenz hat, Atomkerne zu zerstören, was es wirklich auch tut.
Wir können aber auch zwei rote Wirbel mit einem blauen Wirbel kombinieren und erhalten so einen Deuteriumkern, im Folgenden kurz als *Deuteron* D bezeichnet. Dies ist ein stabiler Elementarmagnet. Man kann aber auch einen zusätzlichen Wirbel hinzufü-

gen, ohne die Stabilität dieses Elementarmagneten zu gefährden.

Lediglich seine magnetische Wirkung nach außen lässt nach. Es simuliert also einen stabilen $^3$He-Kern. Letzteres wollen wir in Zukunft wegen der drei Protonen einfach *Triteron* T nennen. Obwohl die Masse der Kernelektronen unerheblich ist, gibt es vom Triteron eine Variante mit einem und eine andere mit zwei Elektronen ($T_1$ ein Tritium-Kern und $T_2$ ein $^3$He-Kern auch als Spiegelkerne bezeichnet), die durch ein Rot mit unterschiedlichen blauen Anteilen in den folgenden Abbildungen gekennzeichnet werden.

Die untere Zeile der Tabelle von Abb.36 zeigt die Farbsymbole für die magnetischen Kugeln, mit denen im Folgenden die Atome modelliert werden sollen.

Wir können nun die *Kernfusion* der ersten beiden Kernbausteine zum dritten Baustein in Abb.39 darstellen. Letzterer muss zwei Kernelektronen haben. Die Umwandlungsformel lautet

$$(2p +e) + (p +e) \rightarrow (3p +2e) \ \text{oder} \ D + n \rightarrow T_2 \qquad (5.01)$$

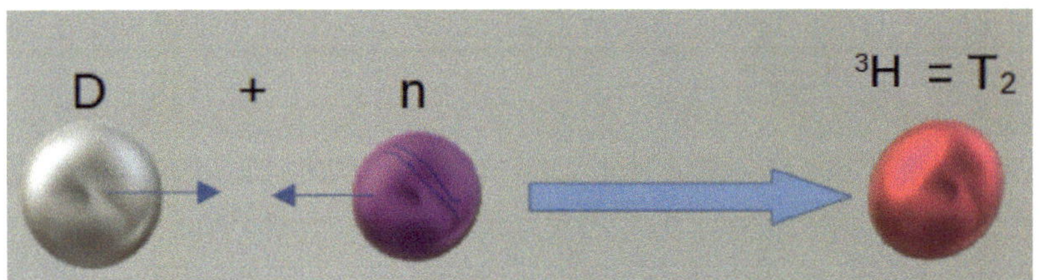


*Abb.39: Kernfusion*

Beim Zusammenbau von Atomen höherer Massenzahlen erhält man nicht nur stabile Atomkerne. Atomkerne, die sich nur durch die Anzahl der Kernelektronen von einem anderen Kern des gleichen chemischen Elements unterscheiden, werden *Isotope* genannt. Eine weitere Kernreaktion ist die Transmutation des instabilen Isotops $^7$Be mit $Q_p = 2.33$ in das stabile $^7$Li-Isotop mit $Q_p =$

1.75 in Abb.40. Die hochgestellte Zahl vor dem chemischen Symbol bezeichnet die Massenzahl, um Isotope unterscheiden. Das blaue Tröpfchen auf der linken Seite von Abb.40 symbolisiert das Elektron, das vom instabilen Berylliumkern aus seiner Elektronenhülle eingefangen werden soll. Auch hier ist davon

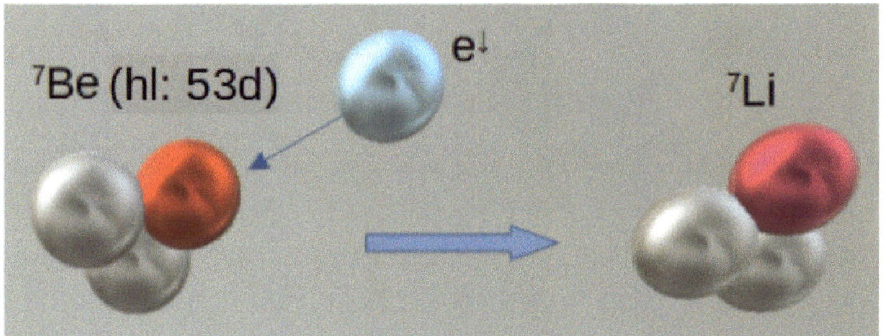


*Abb.40: Umwandlung mit Elektroneneinfang*

auszugehen, dass der innere Elektronenwirbel im Triteron von zwei Elektronen gebildet wird. Die Umwandlungsformel mit Elektroneneinfang e$^\downarrow$ ist durch eine ungerade Massenzahl gekennzeichnet.

$$\textbf{(3p +e) + e}^\downarrow \rightarrow \textbf{(3p + 2e)} \quad \text{oder} \quad \textbf{T}_1\textbf{+ e}^\downarrow \rightarrow \textbf{T}_2 \qquad (5.02)$$

Diese Regel wird erstmals ab $^7$Beryllium aufwärts beobachtet.

Bei einer geraden Massenzahl gilt eine andere Regel ab $^{10}$Kohlenstoff aufwärts. Abb.41 zeigt erstmals die zweite Umwandlungsregel für den Elektroneneinfang.

$$\textbf{2×(3p +e) + e}^\downarrow \rightarrow \textbf{3×(2p +e)} \quad \text{oder} \quad \textbf{2×T}_1 \textbf{+ e}^\downarrow \rightarrow \textbf{3×D} \qquad (5.03)$$

Das erste Mal wird diese Regel bei $^5$Li beachtet. Der Elektronen-einfang geht Hand in Hand mit der Rekonstruktion der Elektronenhülle und des Atomkerns, was intensive Röntgen- und Gamma-Strahlung auslöst.

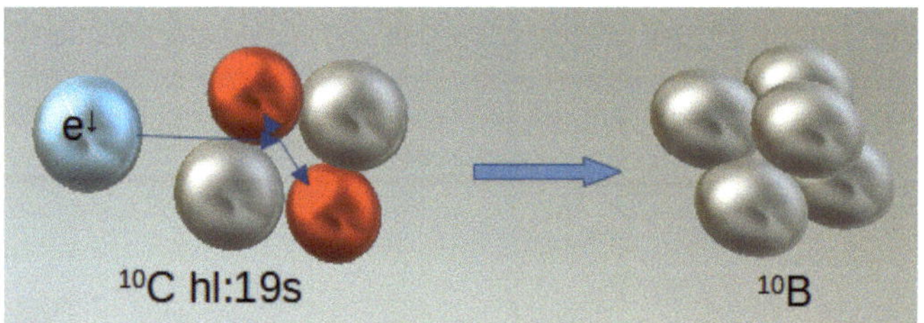


*Abb. 41: Zweite Umwandlungsregel für Elektroneneinfang*

Eine andere Art von *Radioaktivität* beim Bau von Atomkernen ist mit dem Entweichen von Teilchen aus dem Kern verbunden. Wir unterscheiden zwischen Alpha-Strahlung und Beta-Strahlung.

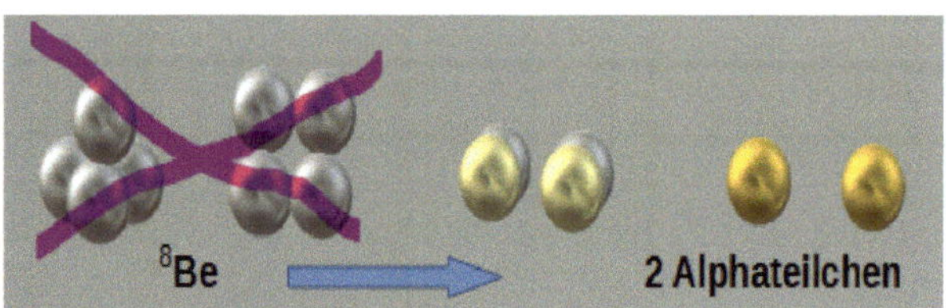


*Abb.42: Es gibt kein $^8$Beryllium*

Eine andere Regel ist die Verschmelzung zweier freier Deuteronen zu einem Alphateilchen im Atomkern. Die Umwandlungsformel für Alphastrahlung lautet:

$$2\times(2p + e) \rightarrow \alpha \quad \text{oder} \quad 2\times D \rightarrow \alpha \tag{5.04}$$

Hier in Abb.42 haben wir ein Beispiel für diese Regel mit zwei gegenüberliegenden Deuteronpaaren, wie beim Zerfall des $^8$Be-Isotops in zwei Alphateilchen. Ein Dublett oder Quartett von Deuteronen ist nicht stabil. Die Halbwertszeit dieses Isotops beträgt $10^{-16}$s, was bedeutet, dass dieses Isotop praktisch nicht existiert. Das bedeutet, dass sich zwei Deuteronen zu einem Alphateilchen verbinden, wenn sie sich direkt gegenüberstehen, wie die detailliertere Abb.43 zeigt.

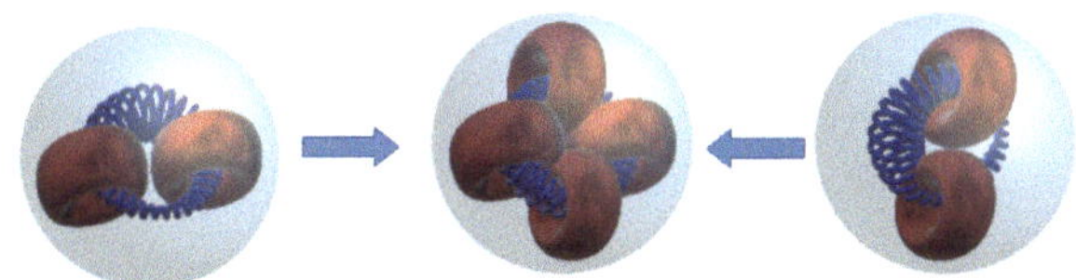

*Abb. 43: Bildung von Alphateilchen*

Dadurch verlieren die beiden verschmolzenen Teilchen jedoch nach außen hin ihre magnetischen Eigenschaften und damit ihren Zusammenhalt mit ihrer Umgebung. Deshalb ist auch $^4$Helium ein Edelgas, weil sich alle Momente gegenseitig aufheben. Wir beobachten diese Regel erst wieder in schweren Atomkernen bei Massenzahlen größer als 82. Wir können davon ausgehen, dass stabile Atomkerne aus Gründen der Energieminimierung als konvexe Polyeder vorkommen werden. Dabei werden D, $T_1$- und $T_2$- Teilchen die Ecken besetzten. Auf Grund der Ausschlussregel für Alphazerfall bis zur Massenzahl 82 sind alle prismatischen Körper rein aus D-Teilchen ausgeschlossen. Es werden also nur anti-prismatische Körper mit weniger als 41 D-Teilchen eine Alphastabilität haben. Aber zunehmend werden D-Teilchen durch $T_2$-Teilchen ersetzt werden, um die Stabilität mit wachsender Kerngröße zu sichern, was den $Q_p$-Wert etwas verringert. Doch nun wollen wir einige Atomkerne entsprechend der Isotopen-Tabelle nach Ebert[102]) modellieren.

Neben der bereits bekannten Struktur von $^7$Li aus Abb.40 gibt es in Abb.44 noch ein stabiles $^6$Li-Isotop mit $Q_p$= 2.00.

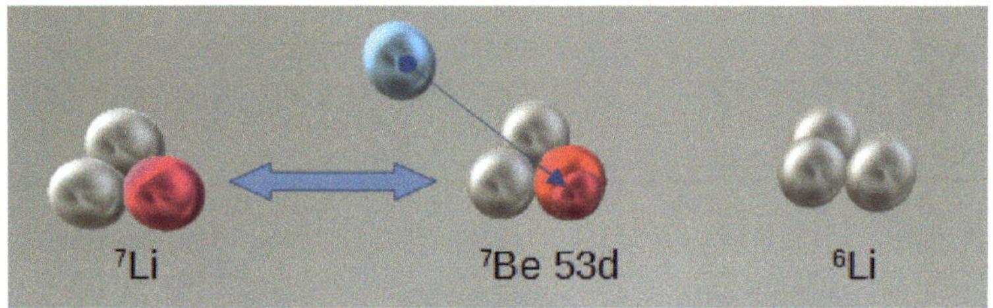


*Abb. 44: Zwei Li-Isotope und zwei Spiegelatome*

Beide Isotope benötigen 3 Elektronen in der Atomhülle, um den Kern zu neutralisieren, aber $^7$Li hat ein Proton und ein Kernelektron mehr als $^6$Li. Das bedeutet, dass bei $^7$Li die Ladungsbilanz mit $Q_p$= 1.75 leicht ins Negative verschoben wird. Das ist ein Effekt, der im alten Atommodell nicht bemerkt wird. Das Spiegelatom $^7$Be ist dagegen instabil und wandelt sich unter Elektronenaufnahme mit einer Halbwertszeit von 53 Tagen in ein $^7$Li um.

$$\textbf{(3p +e) + e}^{\downarrow} \rightarrow \textbf{(3p +2e)} \text{ oder } \textbf{T}_1\textbf{+ e}^{\downarrow} \rightarrow \textbf{T}_2 \qquad (5.05)$$

Soviel zum Elektroneneinfang, eine weitere Art der Radioaktivität ist die Betastrahlung oder Elektronenabgabe. Nur das $^9$Be-Isotop mit $Q_p$= 1.80 ist stabil, während das $^{10}$Be-Isotop mit $Q_p$= 1.67 ein Elektron mit einer Halbwertszeit von 2,7 Millionen Jahren freisetzt und sich langsam in Bor umwandelt.

Abb.45 zeigt ein stabiles Beryllium-Isotop $^9$Be mit $Q_p$ = 1.80 und ein instabiles $^{10}$Be mit $Q_p$ = 1.67, das sich unter Freisetzung ei-

---


102 H. Ebert – *Physikalisches Taschenbuch*; Friedrich Vieweg & Sohn 1967

nes Elektrons (β-Strahlung) in das stabile $^{10}B$ mit $Q_p = 2.00$ umwandelt.

In diesem Atommodell brauchen wir keine Neutrinos. Der Atomkern kann den Impuls absorbieren, der entsteht, wenn das Elektron den Kern verlässt.

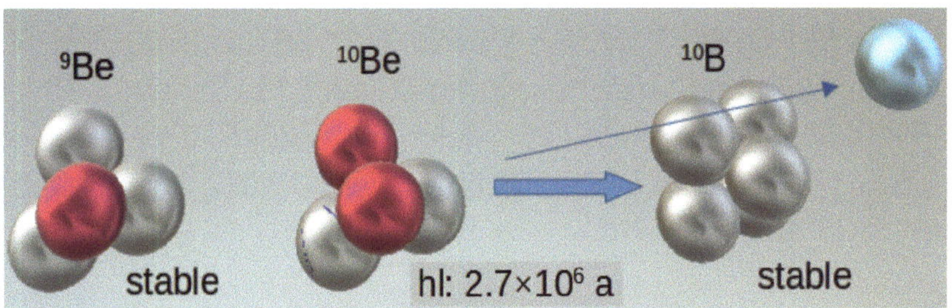


*Abb 45: Umwandlung von Beryllium*

Die Formel für die Umwandlung mit β-Zerfall lautet:

$$2\times(3p + 2e) \rightarrow 3\times(2p + e) + e^{\uparrow} \text{ oder } 2\times T_2 \rightarrow 3D + e^{\uparrow} \qquad (5.06)$$

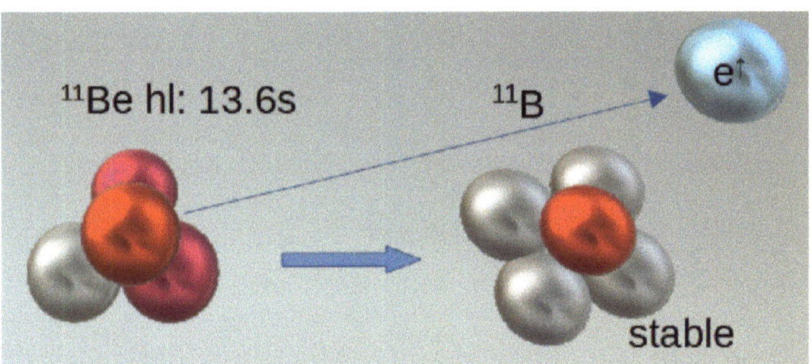


*Abb.46: Umwandlung von $^{11}$Beryllium zu $^{11}$Bor*

Bor hat mit $^{11}B$ ein weiteres stabiles Isotop mit der Formel $4\times D + T_1$ mit vier Deuteronen und einem $T_1$-Baustein. Es kommt von dem instabilen $^{11}Be$, wie Abb.46 mit der Formel $D + T_1 + 2\times T_2$ und mit $Q_p$= 1,57 zeigt. $^{11}$B erreicht mit dem zusätzlichen Kernelektron den Wert $Q_p$= 1,83 und ist dann stabil. Es hat eine ungerade Massenzahl, ist aber aus der gleichen Regel für die β-Umwandlung hervorgegangen wie Atome mit geraden Massenzahlen. $T_1$ ist von der Umwandlung nicht betroffen.

Das nächst schwerere Atom ist Kohlenstoff. Es hat zwei stabile Isotope $^{12}$C mit $Q_p$= 2,00 und $^{13}$C mit $Q_p$= 1,86 und ein Isotop $^{14}$C mit $Q_p$ = 1,75 und einer Halbwertszeit von 5730 Jahren. $^{14}$C ist ein Kandidat für den β-Zerfall. Infolge des großen Abstandes der beiden $T_2$-Bausteine ist die Halbwertszeit gewaltig im Vergleich zu $^{11}$Be in Abb.46.

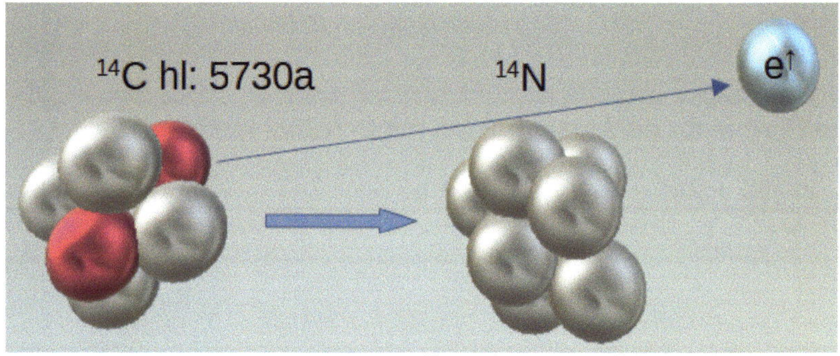


*Abb.47: Umwandlung von $^{14}$Kohlenstoff zu $^{14}$Stickstoff*

Das Spiegelatom zu $^{14}$C ist das sehr instabile $^{14}$O mit einer Halbwertszeit von 71 Sekunden, was sich von $^{14}$C dadurch unterscheidet, dass es anstelle zweier $T_2$-Bausteine zwei $T_1$-Bausteine besitzt. Seine Instabilität wird durch das zusätzliche Orbital in der Elektronenhülle befördert.

**$^{14}$C:** $\qquad 4{\times}D + 2{\times}T_2 \rightarrow 4{\times}D + 3{\times}D + e^{\uparrow} \rightarrow 7{\times}D + e^{\uparrow}$

Durch Herauskürzen von 4×D erhalten wir die obige Formel (5.6) für die Umwandlung mit β-Zerfall.

$^{14}$O wandelt sich in das stabile $^{14}$N um, indem es ein Elektron aus der Hülle einfängt.

**$^{14}$O:** $\qquad 4{\times}D + 2{\times}T_1 + e^{\downarrow} \rightarrow 4{\times}D + 3{\times}D \rightarrow 7{\times}D$

Durch Herauskürzen von 4×D erhalten wir die Formel (5.03) für die Umwandlung mit Elektroneneinfang.

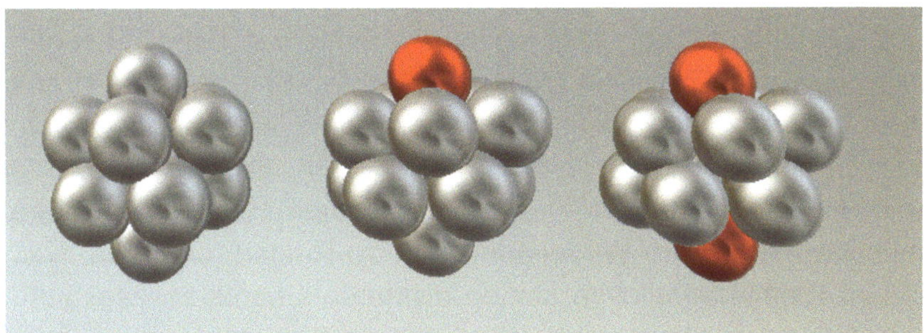

*Abb.48: Die drei stabilen Magnesium-Isotope*

In Abb.48 sehen wir im letzten der stabilen Magnesium-Isotope zwei $T_1$-Teilchen und würden erwarten, dass sie sich durch Elektroneneinfang in drei Deuteronen umwandeln. Aber wegen der Entfernung zwischen ihnen und $Q_p$= 1,86 wird das nicht passieren. Bei all unseren Modellen mussten wir jedoch nie auf die gefährlichen Neutronen zurückgreifen.

Diese Beispiele mögen genügen, um die Regeln der Kernumwandlung zu veranschaulichen. Mit zunehmender Massenzahl werden die Kernstrukturen der Atommodelle und die Zahl der möglichen Isotope der einzelnen Elemente immer komplexer, sodass wir bei der Untersuchung der Eigenschaften dieser Kernmodelle mit unseren bildlichen Darstellungsmöglichkeiten schnell an Grenzen stoßen. Hier wäre eine spezielle Software hilfreich, ähnlich der, wie sie James Sorensen für die Simulation von Atomkernen auf der Basis elektrostatischer Anziehung geschaffen hat[103]). In Übereinstimmung mit den Maxwellschen Gesetzen ist jedoch das elektromagnetische Wirbelmodell attraktiver.

Während W. Thomsons Einführung der Wirbelatome noch seinen Ausgangspunkt in seiner Faszination für die Hydrodynamik und seiner kritischen Haltung zum Atomismus hatte, bezogen sich spätere Forscher nach der Entdeckung des Elektrons meist auf die Entwicklung von Ideen zum Elektromagnetismus, wie Edmund Whittaker 1958[104]), Kenneth F. Schaffner 1972[105]) und Howard Stein 1981[106]). Doch schon nach Helmholtz Theorie müssen elementare Wirbelfäden sich zu Ringen formieren, was jedem Elementarteilchen seinen diskreten Charakter verschafft.

Nach unserem heutigen digitalen Verständnis ist es erstaunlich, dass zwischen den Vertretern einer kontinuierlichen Strömung und den Vertretern des Atomismus eine heftige Konkurrenz herrschte. Dafür gibt es nur eine Erklärung: Damals ahnte niemand, wie viele Größenordnungen zwischen den beiden Modell-Vorstellungen lagen und dass die Natur über große Skalen

103 J. Sorensen -  https://lenr.wiki/index.php/Das_strukturierte_Atommodell
104 E. Wittaker - *A History of the Theories of Aether and Electricity*, vol. 1. London: Nelson and Sons.
105 K.F. Schaffner -  *Nineteenth-Century Ether Theories*. Oxford: Pergamon Press.
106 H.Stein - '' *'Subtler Forms of Matter' in the Period Following Maxwell*'', pp. 309–339 in Cantor and Hodge, *Conceptions of Ether*.

selbstähnlich ist, weil sich grundlegende Gesetzmäßigkeiten auf alle Skalen vererben.

Es lohnt sich wirklich, von Zeit zu Zeit kluge Ideen zu überdenken, wie es mein Landsmann Wolfgang von Goethe vor über 200 Jahren vorgeschlagen hat und wie ich es vor dem ersten Kapitel dieses Buches als Motto formuliert habe.

Kernphysiker sahen das Atom unter dem Gesichtspunkt der Zerstörung. Zuerst wurden Atome mit schrecklichen Folgen bei ihrer Anwendung gespalten und dann wurde versucht, Elementarteilchen in riesigen Beschleunigern zu zerstören. Aber was sollen die Fragmente von Elementarteilchenwirbeln sein, die sich in Mikrosekunden neu formieren und was kann man damit anfangen? Sie organisierten eine Strukturanalyse in Form von Crashtests und waren blind für die außergewöhnliche Stabilität dieser Elementarwirbelringe, die Helmholtz bereits vorhergesagt hatte. Haben diese Crashtests im größten Teilchenbeschleuniger der Welt (Large Hadron Collider - LHC) fruchtbare Erkenntnisse für unsere Gesellschaft gebracht?

Ich sehe keine brauchbaren Ansätze. Angeblich hätten sie unter **Millionen Versuchen** das *Higgs-Boson* gefunden, das angeblich die Masse auf Elementarteilchen überträgt.
Ein so seltenes Ereignis für eine so selbstverständliche Eigenschaft wie die Masse der Teilchen?
Elementar bedeutet – Singular. Menge bedeutet – Plural und Masse bedeutet unzählbare Menge. Wo ist diesen „Teilchenphysikern" die Logik abhanden gekommen?

Ich glaube nicht, dass man mittels gewaltsamer Zerstörung, also Zufuhr von viel Entropie (viel Unordnung) in eine Struktur, Informationen über ihren Aufbau erhalten kann. Crashtests haben bei Ingenieuren eine andere Funktion.

Wir verfolgen hier einen anderen Ansatz, nämlich den Aufbau einer Atomordnung aus zwei verschieden geladenen Elementarteilchen oder sollten wir sagen - Elementarwirbeln.

In der Praxis kann dies jedoch nur gelingen, wenn wir nach dem Grundgesetz der Thermodynamik für offene Systeme in der Lage sind, die Entropie in einer Fusionskammer zu senken.

Da wir nun wissen, dass die Kernkräfte elektromagnetischer Natur sind, wie uns die Spiegelatome gelehrt haben, müssen wir also die Kernphysik für die saubere Energieerzeugung gründlich überdenken.

Das Prinzip muss ähnlich einer Wärmepumpe funktionieren. Eine Wärmepumpe entzieht einem System Entropie und gibt sie an ihre Umgebung ab. Dabei wird eine Ordnung im System geschaffen. Es gilt:

$$dS_{ext} < 0, \qquad |dS_{ext}| > dS_{int} \quad \rightarrow \quad dS_{system} < 0$$

Wir brauchen einen Entropie-Sammler mit Elektronenentzug und die dabei gewonnene Energie wird als Strahlung verteilt. Offensichtlich arbeitet die Sonne nach diesem Prinzip. Folglich müssen wir uns die Sonne etwas gründlicher ansehen, als dass Generationen vor uns getan haben.

# 5.4 Kernfusion auf der Sonne

Die Photosynthese hat diese Fusionsenergie der Sonne in den Pflanzen auf der Erde gespeichert und über viele Erdzeitalter riesige Lagerstätten fossilen Kohlenstoffs geschaffen. Diese haben wir im Industriezeitalter einfach verschwenderisch verbrannt, um einerseits die Erde aus dem thermischen Gleichgewicht zu bringen und andererseits ihre Ressourcen in Müll zu verwandeln. Dabei war es das Ziel, in einem Wettbewerb Kapital zu generieren, das lediglich Information in Computerspeichern ist. Das Kapital wird dann benutzt, um Waffen zu produzieren, die dann noch schneller Müll generieren. Die Gier der Menschen treibt seltsame Blüten.

Dieser Stoffwechselprozess hat sich in den letzten Jahrzehnten immer mehr beschleunigt. Dabei wird weniger Entropie vom System Erde abgeführt, als intern durch den Stoffwechsel unserer Wirtschaft erzeugt wird, was zu einem globalen Klimawandel führt. Wir messen den Anstieg des $CO_2$-Gehalts als Indikator für diesen Klimawandel. Obwohl Wasser und Kohlendioxid annähernd das gleiche Spektrum im Infrarotbereich haben, glauben die Menschen, dass trotz des viel höheren Wasseranteil in der Atmosphäre das $CO_2$ den Klimawandel verursacht und nicht unsere extensive Wirtschaftsweise, die auf Wachstum ausgerichtet ist. Im Tierreich sehen wir, dass eine hohe Stoffwechselrate die Lebenszeit der Individuen verkürzt. Sollten Gesellschaften sich den allgemeinen thermodynamischen Gesetzmäßigkeiten widersetzen können?

Die Politik lässt uns glauben, dass nur das durch diesen Stoffwechselprozess produzierte $CO_2$ für die Erwärmung verantwortlich sei und organisiert einen $CO_2$-Handel. Aber was ist mit den Rußpartikeln? Was ist mit der Abwärme des Carnot-Prozesses, der nur ein Drittel der Energie in mechanische und zwei Drittel in Wärme umwandelt? Was ist mit der Flächenversiegelung und der Abholzung natürlicher Wälder, unserem natürlichen Kühlsystem? Die Zukunft hält viele Herausforderungen für die Gesellschaft bereit. Dazu kommen zu allem Überfluss noch kriegerische Auseinandersetzungen mit Diktatoren, die nach der Vorherrschaft über andere Völker streben.

Eine der wichtigsten Aufgaben der Physik in diesem Rahmen ist die effiziente Energieversorgung der Zukunft. Doch die direkte dissipative Sonnenenergie steht nicht immer und überall in ausreichender Menge zur Verfügung. Wo wir bisher Erdöl und Erdgas eingesetzt haben, wollen wir in Zukunft Wasserstoff als Energieträger einsetzen, den wir nicht haben. Wir müssen erst aus der „Asche" unseren Brennstoff gewinnen, um ihn dann wieder zu verbrennen.

Im Gegensatz zum Kosmos sind unsere irdischen Wasserstoffreserven alle chemisch gebunden und um reinen Wasserstoff zu produzieren, brauchen wir viel Energie, damit das Wasser wieder in seine Bestandteile zerlegt werden kann. Den Wasserstoff dann anschließend wieder zu Wasser zu verbrennen, ist kein wirtschaftliches Verfahren. Die Energiebilanz ist negativ. Auch wenn wir die gesamte Energie aus der Sonnenbestrahlung gewinnen, gehen doch erhebliche Flächen für die natürlichen biologischen Kreisläufe verloren, die für den biologischen Entropie-Abbau und damit für Kühlung der Erdoberfläche sorgen.

Schließlich wissen wir seit Mitte des 20. Jahrhunderts, dass die Sonne Kernfusion nutzt, um aus Wasserstoff Strahlungsenergie zu gewinnen. Könnten wir eine künstliche Sonne bauen, würden wir den erzeugten Wasserstoff effizienter nutzen können. Aber was glauben wir über die Funktionsweise dieser solaren Energiequelle zu wissen und was wissen wir wirklich darüber?

Das akademische Wissen basiert auf einem Kernfusionsprozess, der innerhalb der Sonne existieren soll und Wasserstoff unter hohem Druck in Helium umwandeln soll, was bei schweren Elementen funktionieren mag, aber nicht bei leichten. Der Grund für diese Annahme ist der zunehmende Zerfall schwerer Elemente durch Bildung von $\alpha$-Strahlen nach Regel (5.04) indem zwischen den Elementarmagneten in den Atomen zunehmend rechte Winkel auftreten.

Obwohl niemand in die Sonne hinein sehen kann, wird angenommen, dass die Sonne aus schalenförmigen Zonen besteht, die zum Teil scharf abgegrenzt werden können. Eine grobe Unterteilung erfolgt in die Kernzone als Fusionsofen, in die innere Atmosphäre bis zur sichtbaren Oberfläche und darüber die äußere Atmosphäre. Dieser Fusionsofen würde die Strahlungsenergie in einem sehr langsamen Umwandlungsprozess vermittels der Proton-Proton-Kette bei Temperaturen von 15 Millionen Grad erzeugen und die hypothetischen Neutrinos würden die Energie nach außen transportieren. Im ersten Schritt sollen zwei Protonen zu einem Deuteriumkern verschmelzen. Diese Reaktion sei jedoch sehr unwahrscheinlich, im Durchschnitt würde ein Proton

$10^{10}$ Jahre brauchen, um mit einem anderen Proton zu reagieren. So erklären sie die lange Lebensdauer der Sonne.

Andere Erfahrungen wurden mit Wasserstoffbomben gemacht. Es ist sicherlich keine gute Idee, den Brennstoff direkt im Ofen zu lagern. Wasserstoff kommt in der Natur als ein Molekül $H_2$ vor. Es sei denn, es befindet sich in einem elektrischen Feld, dass die Elektronen von den Protonen trennt. Dann werden zwei freie Protonen zweifellos im Bruchteil einer Sekunde auf ein Elektron treffen, das sie zu einem Deuteriumkern verbindet, wenn die Umgebungsbedingungen stimmen.
Da  bei einer Kernexplosion ein elektromagnetischer Puls (EMP) beobachtet wird, kann man von der Existenz eines solchen elektrischen Feldes für den Augenblick der Explosion ausgehen. Eine thermonukleare Kernreaktion ist gleichzeitig auch immer eine elektronukleare Kernreaktion, wie wir im vergangenen Abschnitt gelernt haben, weil dabei ein leuchtendes Plasma entsteht, dessen Bedeutung völlig unterschätzt wird. Hin und wider lesen wir etwas von einem Sonnensturm und einem großflächigem Stromausfall infolge irgendeiner Netzüberlastung.

Jeder, der sich in der Schule mit Elektrotechnik beschäftigt hat, kennt sicher einen Bandgenerator. Einige Elektronen werden durch Reibung vom Band gebürstet und dann sieht man einen schönen Blitz zwischen den Elektroden des Generators. Stellen Sie sich nun eine Entladung vor, wenn man alle Elektronen aus dem Generator entfernen könnte  und das in der Größenordnung der Sonne. Das Ergebnis wäre eine Supernova. So kann die Sonne also nicht funktionieren.

Das Problem mit dem Standard-Sonnenmodell besteht darin, dass es sich um ein rein mechanisches Modell handelt, das auf den Ideen der Newtonschen Gravitation ohne Elektrodynamik basiert. Elementarteilchen sind jedoch elektrisch geladene Teilchen, weshalb ich immer die Gesetze der Elektrodynamik berücksichtigen muss und sie bewegen sich im Plasmazustand, weshalb auch die Thermodynamik eines offenen Systems berücksichtigt werden muss.

Das erste elektrische Sonnenmodell wurde 1979 von Ralf E. Juergens[107]) entwickelt, nachdem er erkannt hatte, dass die berechnete Energiedichte der kosmischen Strahlung in unserer Galaxie mit der Gesamtenergiedichte elektromagnetischer Strahlung einschließlich Sternenlicht vergleichbar ist. Er erkannte die Kornstruktur auf der Sonnenoberfläche als Anodenbüschel und einen Hinweis auf die Stigmergie in einem offenen System. Dieses Modell wurde von Don Scott maßgeblich weiterentwickelt. 2006 erschien sein Buch *The Electric Sky*[108]). Scott erkannte, dass die Sonne in einem riesigen kosmischen Stromkreis, der durch Birkeland-Ströme verbunden ist, eine Anode bildet und dass ihre Energie und ihr Brennstoff nicht im Inneren lagern, sondern von außen zugeführt werden. Folglich müssen wir etwas über die Galaxie lernen, in die ein Stern, wie die Sonne eingebettet ist.

---

107 Ralph E. Juergens -*The Photosphere: Is It the Top or the Bottom of the Phenomenon We Call the Sun?*
https://www.kronos-press.com/juergens/k0404-photosphere.htm
108 Don Scott - *The Electric Sky;* https://www.amazon.com/Electric-Sky-Donald-Scott/dp/0977285111

Jede Galaxie enthält neben Staub auch riesige Gaswolken aus Wasserstoff, Sauerstoff und Stickstoff um ihre Sterne herum, wie aus jedem Galaxiespektrum zu lesen ist. Dort findet man überall die rote $H_\alpha$-Linie, wie das Galaxiespektrum in Abb.49 repräsentativ zeigt.

Da die Sonnenkorona bis zu einer Millionen Grad heiß ist und oberhalb der Photosphäre im Übergang zur Chromosphäre einen steilen Temperatursturz erfährt (Abb.51), so dass die Sonnenoberfläche gegenüber der Korona mit maximal 6000 Grad fast kalt erscheint, kann davon ausgegangen werden, dass die Kernfusion nicht im Inneren der Sonne, sondern in ihrer Korona stattfindet.

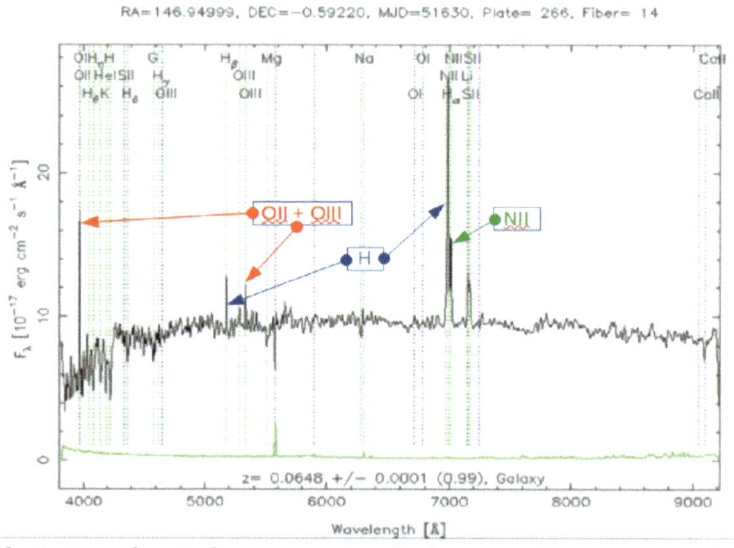


*Abb.49: Typisches Spektrum einer Spiralgalaxie - Quelle: SDSS-Datenbank*

Das würde auch die Fraunhofer-Linien erklären, die im Sonnenspektrum zu sehen sind. Diese dunklen Linien erscheinen vor dem Hintergrund der Photosphäre in der Chromosphäre, wo die

kontinuierliche Lichtenergie von den neu gebildeten Atomen absorbiert wird.

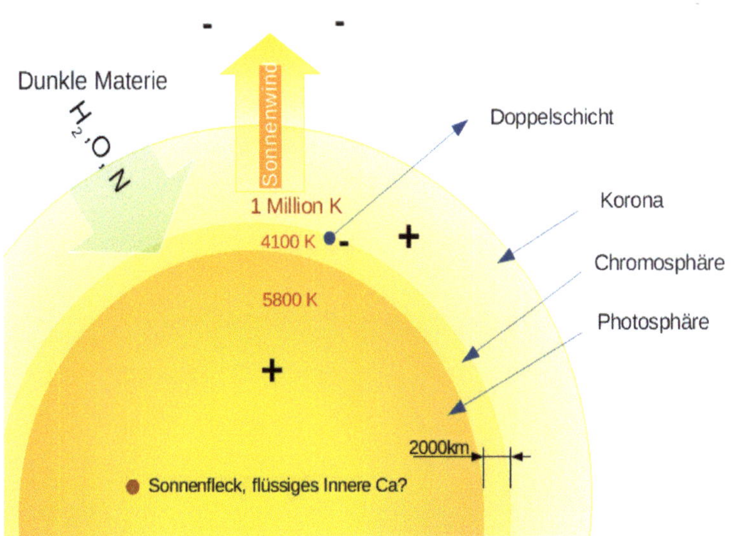


*Abb.50: Elektrisches Sonnenmodell  als  offenes System*

Der die Sonne umgebende Wasserstoff liegt aufgrund seiner
chemischen Bindungseigenschaften wahrscheinlich als Wasserstoffmolekül vor. Da der Sonnenkörper positiv geladen ist, wird
das Wasserstoffmolekül von der Sonne angezogen und es verliert seine Hüllenelektronen in der Korona.  Da sich die Elektronen viel schneller  auf die Sonne zu bewegen als die Protonen,
wird ein Elektronenmangel in der Korona entstehen.

An der Unterseite der Korona signalisiert der Temperatursturz,
dass die Protonen stark abgebremst werden. Wenn ein Strom je-

doch plötzlich abgebremst wird, entsteht eine Massenkarambola-ge und wenn wenige Elektronen mit Protonen kollidieren, entstehen Deuteronen, vielleicht auch $^3$Helium- oder Tritiumkerne. Diese kommen dann nach den in Abschnitt 5.3 abgeleiteten Regeln zusammen und kondensieren nach Verlassen der Korona in Richtung Sonne zu größeren Atomkernen, während die Protonen, die keine Elektronen einfangen konnten, in Richtung des Weltraums als Sonnenwind beschleunigt werden.

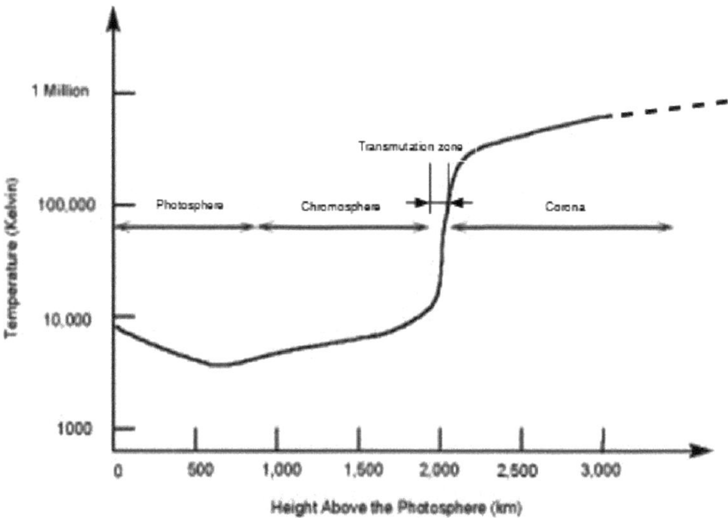


*Abb.51: Temperaturverlauf in der Sonnenatmosphäre*
*http://www.astro.sunysb.edu/fwalter/AST341/sun1.pdf*

Im Bereich der Korona müssen Elektronen fehlen, damit sich die Elementarmagnete zu größeren Einheiten organisieren können. Auf keinen Fall dürfen so viele Elektronen vorhanden sein, dass sich eine Elektronenhülle bilden kann.

Der Einbau von Elektronen in eine Elektronenhülle des Atoms findet erst in den tieferen Schichten der Sonnenatmosphäre statt, wenn die Atome an der Unterseite der *Doppelschicht* angekommen sind. Eine Doppelschicht funktioniert im Prinzip wie ein großer elektrischer Kondensator. Mit der Sonne im Hintergrund funktioniert sie wie ein Akkumulator.

Langsam regnen sich die kondensierten Atome auf die Oberfläche ab, die der Astronom als eine Calciumschmelze identifizieren kann, da die Sonne als Stern der Spektralklasse G2 einen hohen Calciumanteil besitzt, der ihrer vermuteten Massendichte von 1,41 g/cm³ entspricht.

In diesem Sonnenmodell gibt es keinen Grund, warum zuerst nur Helium erzeugt werden sollte und erst wenn der Wasserstoff aufgebraucht ist, das Helium zu schwereren Elementen verschmelzen sollte.  Aufgrund der zufälligen Abstände der Teilchen treten alle möglichen Kombinationen und Anordnungen von Atomkernen gleichzeitig auf. Die instabilen Kombinationen von Atomkernen werden umgewandelt, bis schließlich die stabilen Kombinationen übrig bleiben. Dann treffen sie auf die voraus gelaufenen Elektronen, die sich auf der Doppelschicht zwischen Chromosphäre und Korona angesammelt haben. Auf diese Weise können die Atomkerne ihre Elektronenhüllen auffüllen und sichtbare Zeichen dieses Prozesses sind die Absorptionslinien der neugebildeten Atome.

# 5.5 Technische Fusionsexperimente

Die zweite Hälfte des letzten Jahrhunderts nach den ersten Atomexplosionen in der Atmosphäre, auch Phase des Kalten Krieges genannt, war geprägt von der Nutzung der Kernenergie durch die Spaltung von Uran-Atomkernen aus dem Tiefengestein der Erde. Neben der Entwicklung der Waffentechnik wurde die friedliche Nutzung der Kernenergie gefördert und industriell genutzt. Nach anfänglicher Euphorie stellte sich bald das Problem der Endlagerung der abgebrannten Brennelemente heraus. Diese Spaltprodukte schwerer Elemente sind noch viele Jahrhunderte radioaktiv, was organisches Leben in ihrer Umgebung schwer schädigt. Auch die Kernschmelzen der Reaktoren in Lucens 1966, Tschernobyl 1986 und Fukushima 2011 machten der Welt die Gefahren dieser Technologie sichtbar.

Alle diese Kernkraftwerke beruhen auf dem Prinzip der Kraft-Wärmekopplung, wobei die Wärme, wenn sie in die Atmosphäre geleitet wird, nicht unerheblich zur Aufwärmung der Umwelt beiträgt. Doch zurück zu den Fusionsversuchen.

Schnell wurde klar, dass die Sonne ihre großen Energiemengen aus dem umgekehrten Vorgang, der Verschmelzung von Atomkernen, bezieht, als Edward Teller 1952 die Atombombe in einen Wasserstoffmantel hüllte und die Welt die 800-fache Sprengkraft der Hiroshima-Bombe beobachten musste.

Die Kernfusion selbst erzeugt keine langlebigen radioaktiven Abfallprodukte, wie sie bei der Kernspaltung anfallen, wodurch sie im Vergleich zur kontrollierten Kernspaltung in einem günstigeren Licht erscheint.

Technische Experimente zur friedlichen Nutzung der Kernfusion basieren auf Erfahrungen mit Wasserstoffbomben. Während bei der Kernspaltung freie Neutronen beobachtet werden, die die Spaltprodukte freisetzen und den Spaltprozess am Laufen halten, konnte die Rolle der Neutronen beim Fortschreiten der Fusion nicht bestätigt werden. Dennoch bleibt die Überzeugung, dass die Neutronen auch den Fusionseffekt erzeugen könnten, wie das Diagramm des Karlsruher Instituts für Technologie in Abb.52 zeigt.

Ausgehend von der klassischen Vorstellung, dass die Sonne eine feurige Gaskugel ist, in deren Inneren Wasserstoff bei hohem Druck und hoher Temperatur so stark komprimiert wird, dass er zu Helium verschmilzt und die Wärme durch Neutrinos an die Oberfläche transportiert wird, begann Andrei Sacharow an dem Moskauer Kurchatov-Institut mit ersten Versuchen zur technischen Kernfusion. Sein Prinzip bestand darin, einen Plasmaring in ein Magnetfeld einzuschließen, der so weit erhitzt werden sollte, dass eine Kernfusion startet. Die Idee war, dass sich die

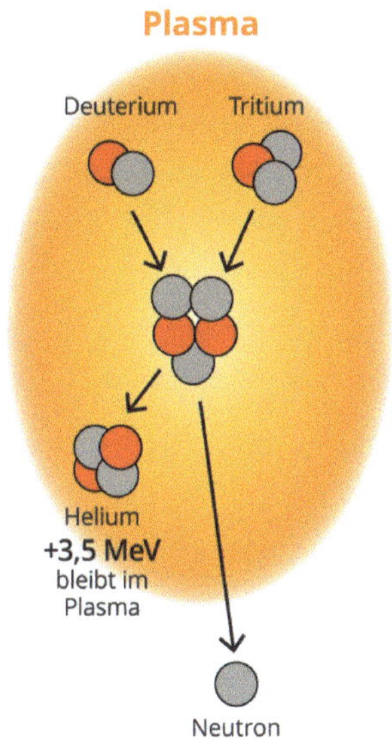


*Abb.52: Vorstellung von Kernfusion als Umkehr der Kernspaltung*

Fusion nach der Zündung von selbst fortsetzt, wie man es bei

der Kernspaltung durch den multiplikativen Effekt freier Neutronen beobachtet hatte. Deshalb wurden die Experimente für den Pulsbetrieb ausgelegt. Dieses Prinzip erhielt den Namen „Tokamak". Es ist die Abkürzung für „тороидальная камера в магнитных катушках" (toroidnaja kamera w magnitnych katuschkach) übersetzt thoroidale Kammer in Magnetspulen.

Bei diesem Prinzip wurden zwei Probleme identifiziert. Das erste war, dass die Lorentzkraft das Plasma verwirbelte und die Kammerwände das Plasma kühlten. Der Verwirbelung wurde schließlich mit einem komplizierten Magnetfelddesign

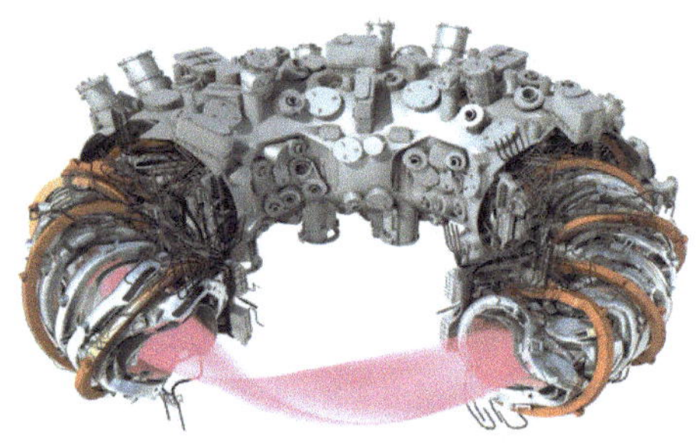

*Abb.53: Stellarator Prinzip  IPP (Max-Planck-Institut für Plasmaphysik) (Neckline)*

begegnet, das einem mehrfach verdrillten Möbius-Band nachempfunden war. Dadurch entstand ein spiralförmiges Magnetfeld.  Dieses Prinzip wurde Stellarator genannt, also eine Maschine, die angeblich wie ein Stern funktioniert. Bis zur Entscheidung über das neue Prinzip mussten jedoch über 60 fruchtlose Jahre vergehen.

Am 10. Dezember 2015 wurde am Fusionsgenerator Tokamak Stellarator Wendelstein 7-X in Greifswald schließlich erstmals ein kurzer Lichtblitz in Form eines Heliumplasmas erzeugt. Um dieses Experiment durchzuführen, brauchte es 9 Jahre Bauzeit, in denen mehrere hundert Tonnen Material verwendet wurden. Das Projekt verschlang über eine Milliarde Euro.

Schließlich hat am 25. Juni 2018 das Max-Planck-Institut für Plasmaphysik eine Pressemitteilung herausgegeben:

> **»Stellarator-Rekord im Fusionsprodukt:** *„Jetzt hat Wendelstein 7-X einen Rekord aufgestellt. Denn es erreichte nie zuvor gemessene Höchstwerte für das sogenannte Fusionsprodukt. Dieses Produkt aus Ionentemperatur, Plasmadichte und Energieeinschlusszeit gibt an, wie nahe man den Reaktorwerten für ein brennendes Plasma kommt. In den Testdurchgängen des Jahres 2017 wurde das Plasma im Reaktor auf rund 40 Millionen Grad Ionentemperatur aufgeheizt und hatte eine Dichte von $0{,}8 \times 10^{20}$ Teilchen pro Kubikmeter.“* «*

Für das Erhitzen wurden bis zu 75 Megajoule Heizenergie aufgewendet und das Plasma überlebte 2 Sekunden. Es gab jedoch noch keine Anzeichen für eine Fusion.

Wenn Wendelstein 7-X je funktionieren sollte, dann aber nicht wie ein Stern. Wo ist die Doppelschicht, die den Temperaturgradienten erzeugt?

Die Thermodynamik besagt, dass man Entropie abbauen muss, wenn man eine Ordnung aufbauen will und Fusion ist der Aufbau einer Ordnung aus dem Chaos eines heißen Plasmas. Um jeden Stern herum gibt es einen Temperaturgradienten, der die Strahlungsenergie abbaut und jeder Stern ist eine Anode, die zuerst die überschüssigen Elektronen absaugt. Aber der Stellerator zeigt weder die eine noch die andere notwendige Eigenschaft. Einziges Ziel ist es, das Plasma aufzuheizen, also Entropie zu liefern und die befürchtete Abkühlung durch Kollisionen zu vermeiden. Aber gerade der Temperaturgradient ist für die Strukturbildung wichtig, wie man überall in der Natur am Kondensationseffekt an kalten Oberflächen lernen kann.

Das Wirkprinzip der Sonne kann nicht so kompliziert sein, wie akademische Kernphysiker glauben. Die Vertreter der Theorie des  Elektrischen Universums unter der Leitung von  Wal Thornhill vertraten die Auffassung, dass das Sonnenlicht  im Prinzip wie das Anodenlicht einer Gasentladung ist  und baten Montgommery Childs diese Auffassung experimentell zu testen.

Montgomery Childs[109]) und sein kleines Team begannen bereits 2013 unbemerkt von der Öffentlichkeit und unabhängig nur durch Spenden finanziert, Scotts elektrisches Sonnenmodell im Labor nachzubilden, indem sie die Stigmergie eines Plasmas aus Wasserstoff- und Stickstoffionen in einer Vakuumkammer beobachteten, wie sie interstellar in den Spektren der Galaxien vorkommt.

Zur Erzeugung des Plasmas haben sie in einer Vakuumkammer zwei gegenüberliegende große plattenförmige Elektroden angeordnet, zwischen denen sie eine kleine kugelförmige Kupferanode platziert haben, die das Solarmodell darstellt, wie Abb.54 zeigt. Das Projekt wurde SAFIRE genannt.  Der Name SAFIRE steht für *Stellar Atmospheric Function In Regulation Experiment*.

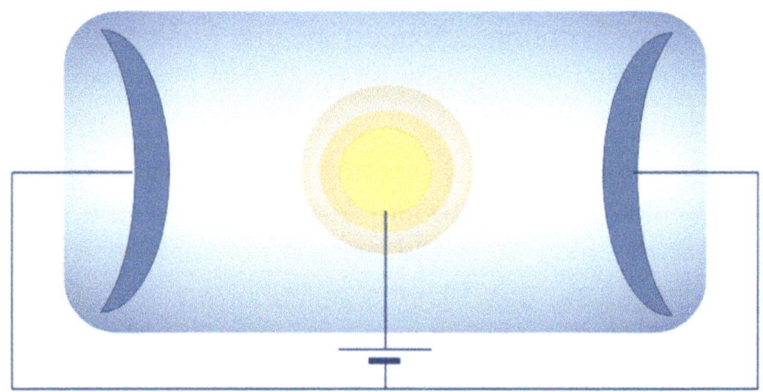

*Abb.54: Schema der SAFIRE-Kammer*

109 M. Childs – *The SAFIRE-Project;* https://aureon.ca/history

Für dieses Experiment müssen viele Parameter wie Gaszusammensetzung, Druck und Temperatur, Spannung und Strom gemessen und gleichzeitig geregelt werden, wobei sich die mathematische Methode der Versuchsplanung vorzüglich eignet. Das Modell hat gezeigt, dass es mittels dieser Methode möglich ist, hochenergetische Plasmen stabil zu halten.

Das Durchlaufen der Strom-Spannungs-Kennlinie führte zu mehreren stabilen Niveaus, bei denen zuerst Büschel auf der Anode auftraten, später Doppelschichten und schließlich ein sehr heißes Plasma. Die Doppelschichten variierten in Intensität und Anzahl durch eine Reihe von zusammenwirkenden Faktoren sowie durch Spannung und Strom. Dabei wurden Betriebsspannungen im Bereich von 300 bis 400 V und ein Strom von 1,5 bis 2 Ampere sowie ein Kammerdruck von 20 Torr verwendet.

Dieses Experiment musste sehr sorgfältig in kleinen Schritten durchgeführt werden, da immer die Gefahr bestand, dass das gesamte System durch unkontrollierte Blitzentladung zerstört werden könnte. Mit dem Sonnenmodell des SAFIRE-Projekts wurden viele der Annahmen von Scotts Anodenmodell bestätigt. Es wurde auch beobachtet, dass die Temperatur in unmittelbarer Nähe der Anode zuerst abnahm und dann mit zunehmendem Abstand wieder stark anstieg.

Je stärker der Strom, desto heißer wurde das Plasma und die Anode. Als nach 30 Minuten die prognostizierte Leistungsgrenze der Apparatur erreicht war, bestand die Gefahr, dass die Anode zu schmelzen begann. Nach dem Zusatz eines Elektronenfängers (möglicherweise einer geringen Menge von Sauerstoff, der auch in Galaxiespektren zu finden ist) wurden überraschenderweise jedoch nur 7% der tatsächlich erwarteten Energie an diesem Punkt eingesetzt und das Experiment musste abgebrochen werden. Woher kam die ganze Energie?

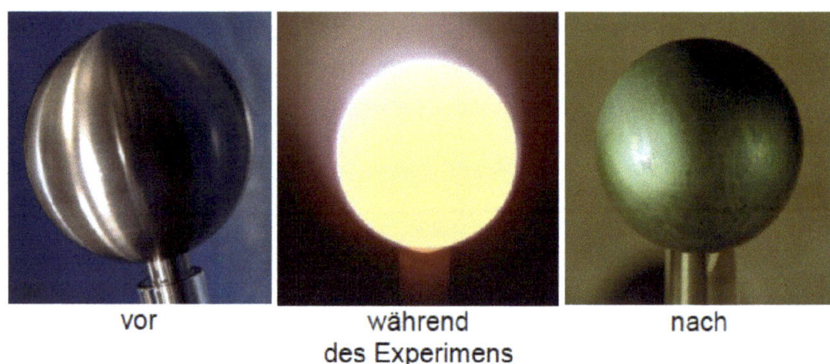



*Abb 55: Anode des SAFIRE-Experiments - Quelle M. Childs*

Die Abb. 55  zeigt den Zustand der  Anode vor, während des 30 minütigen Experiments und danach.
Die Anodenoberfläche hatte sich nach diesem letzten Experiment durch die Hitzeeinwirkung in ihrer Farbe verändert. Daraufhin wurde die Anode unter dem Elektronenmikroskop auf mögliche Ablagerungen untersucht. Tatsächlich kondensierten kleinste Tröpfchen verschiedener chemischer Elemente aus dem Plasma auf der Anodenoberfläche, die tatsächlich unter dem Elektronenmikroskop sichtbar wurden; chemische Elemente, die zuvor nicht in der Kammer vorhanden waren.

Offenbar beginnt der Aufbau des Atoms mit den Bausteinen Deuteron und Triteron, die aus dem Wasserstoffmolekül unter Freisetzung eines Elektrons mit je einem weiteren Elektron innerhalb des Plasmas zu einem Deuteron oder mit einem zusätzlichen Proton zu einem Triteron verschmelzen.

Dazu muss der molekulare Wasserstoff in einem elektrischen Feld ionisiert und an der Anode eines seiner Schalen-Elektronen beraubt werden. Es bleiben zwei Protonen und ein Schalen-Elektron. Aber dieses Elektron gerät nun wahrscheinlich zwischen die beiden Protonen, reduziert seinen Wirbel, und so werden die beiden Protonen durch Abgabe von Strahlungsenergie zu einem magnetischen Deuteron verbunden. Gehen beide Elektronen an der Anode verloren, werden die Protonen zur Kathode geschickt oder von einem Deuteron eingefangen. Dieser Vorgang entspricht genau dem ersten Fall von Prigogines Theorem über die Entropie in offenen Systemen, wo durch äußere Kühlung $dS_{ext} < 0$, und durch Elektronenentzug $dS_{system} < 0$ wird. Das bietet die Voraussetzung für den Aufbau einer höheren Ordnung aus den Elementarbausteinen. Wie Childs berichtet, wird der notwendige Elektronenmangel durch einen Katalysator verstärkt, um die Fusion in Gang zu setzen. Der Vorteil dieses Experiments besteht darin, dass die Reaktion durch Abschalten des externen Gleichstroms sofort gestoppt werden kann. Das bedeutet, dass es nie zu einem Unfall kommen kann, der einer Kernschmelze in einem Kernspaltungsreaktor entspricht.

Da durch Kühlen dem System mehr Entropie entzogen wird, als intern erzeugt wird, ist es genau der Effekt, den wir als Kraft-Wärmekopplung bei der Kernfusion technisch nutzen wollen.

Abb.56 zeigt das Periodensystem der Elemente mit den auf der Anode von SAFIRE gefundenen Elementen durch gelbe Felder gekennzeichnet. Alle diese Elemente wurden auch in den Fraunhofer-Linien des Sonnenspektrums identifiziert.

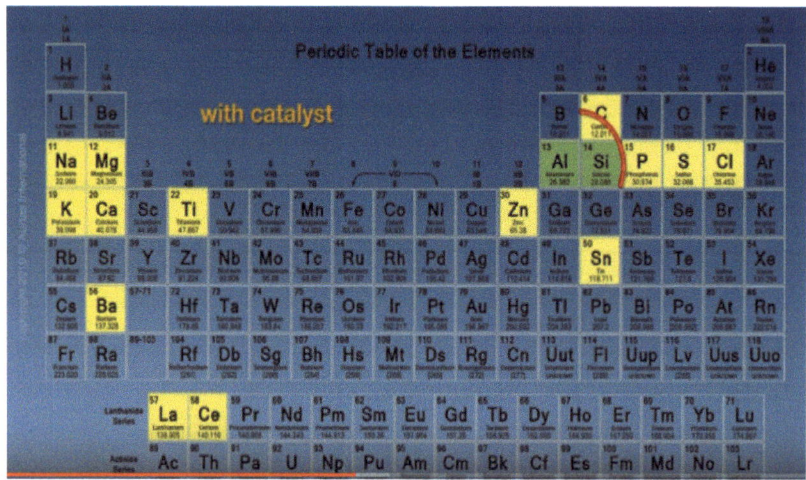


*Abb. 56: Die gelben Felder zeigen die gefundenen Elemente -*
*Quelle: M. Childs*

Childs SAFIRE-Experiment hat gezeigt, dass wir das Wirkprinzip der Energieerzeugung der Sonne verstanden haben. Es ist physikalisch simpel, aber materialtechnisch wegen der hohen Temperaturen anspruchsvoll. Trotzdem scheint der Weg technisch begehbar, um der Wasserstofftechnologie über die Kernfusion in kleinen Blöcken einen höheren Wirkungsgrad zu verschaffen als es die simple Verbrennung des aufwändig elektrolytisch gespaltenen Wassers in seine Bestandteile Wasserstoff und Sauerstoff ermöglicht. Trotzdem bleibt es eine Kraft-Wärme-Kopplung, da wir nur die Abwärme des Fusionsprozesses nutzen können. Während wir bei der Nutzung des Kohlenstoffkreislaufs auf die Pflanzen als effiziente Helfer für die Energiespeicherung bauen können, haben wir für einen reinen Wasserstoffkreislauf keine natürlichen Helfer auf der Erde. Das sollte bei der beabsichtigten Umstellung der zukünftigen Energieversorgung bedacht werden.

Es nützt nichts, auf der Straße für Umweltschutz zu protestieren, ohne sich selbst um naturwissenschaftliche Allgemeinbildung zu bemühen und zu fragen, was uns unser zügelloser Konsum wirklich kostet.

Das Abwählen der naturwissenschaftlichen Fächer an Gymnasien ist der falsche Weg, insbesondere in den Städten, wo die Entfremdung von der Natur weit fortgeschritten ist, wo den Menschen eingeredet wird, dass Konsum glücklich machen würde.

Denn alles, was je produziert wird, landet irgendwann auf dem Müll. Der Plastikmüll in den Weltmeeren lässt sich nicht mehr verheimlichen und gefährdet letztlich die Nahrungsgrundlage vieler Millionen Menschen. An anderen Orten entstehen riesige künstliche Berge. Wenn wir einen Anstieg des $CO_2$-Gehaltes der Luft messen, ist das nur ein Indikator für den Anstieg der Entropie, ähnlich der Anzeige eines Fieberthermometers.

Unsere technisierte Gesellschaft mit ihrem beschleunigten Stoffwechsel drängt die Natur, die uns beim Abbau der Entropie behilflich ist, immer weiter zurück. Sie reagiert darauf wie ein fiebernder Patient durch Klimaerwärmung und Pandemie.

Aus Sicht der Natur sind wir die Krankheitserreger und sie wird versuchen, sich von uns zu befreien, wenn wir nicht mit der Natur leben wollen. Krankheitserreger sind tödlich, wenn sie sich nicht maßvoll zurückhalten, um mit ihrem Wirt zu leben. Unser Leben ist ein fragiles dynamisches Fließgleichgewicht zwischen Schöpfung und Zerstörung. Als solches ist es zeitlich begrenzt. Gegenüber der unbelebten Natur und der Technik, hat die belebte Natur ein Selbsterhaltungsziel, was durch Reproduktion und Auswahl realisiert wird. Wer gegen dieses Ziel verstößt, wird untergehen. Unsere Technologien sind gegen die Evolution nur ziemlich armselige Krücken, insbesondere wenn wir ihre Energieeffizienz betrachten.

Schauen wir uns an, wo die alten Hochkulturen zu finden sind – in den heutigen Wüsten. Sie bestanden im Vergleich zur Gegenwart aus weit geringeren Populationen. Doch als diese Kulturen blühten, waren dort noch keine Wüsten, sondern fruchtbares Land. Das sollte uns zu denken geben.

# 6 Kosmologische Fragen ohne seriöse Antworten

*»Die Wissenschaft kann das ultimative Mysterium der Natur nicht lösen. Und das liegt daran, dass wir letztlich selbst Teil der Natur sind und damit Teil des Mysteriums, das wir zu lösen versuchen.«*
-Max Planck

1933 postulierte der Astrophysiker Edward A. Milne das kosmologische Prinzip:

**Der Kosmos ist isotrop und homogen.**

Er sieht nicht nur in allen Richtungen gleich aus, sondern nach diesem Prinzip kann man davon ausgehen, dass sich kosmologische Phänomene bei Einhaltung der Rahmenbedingungen auf irdische Größe skalieren lassen, weil sie auf derselben physikalischen Grundlage beruhen müssen. Nur laufen sie dann wesentliche schneller ab. Das eröffnet die Möglichkeit, diese Phänomene im Labor zu testen. Einer der bedeutendsten Physiker, der dieses Prinzip angewendet hat, war der schwedische Nobelpreisträger Hannes Alfvén.

Dennoch verkaufen uns unseriöse Geschäftsleute, die sich einen wissenschaftlichen Mantel geben, Sensationen aus dem Kosmos, die in der Folge zu abstrusen Spekulationen in der Öffentlichkeit führen. Die häufigsten dieser nicht beantwortbaren Fragen habe ich hier hervorgehoben.

# 6.1 Wie war der Anfangszustand des Kosmos?

Der Urknall wäre die Geburt von Raum und Zeit, behaupten die Anhänger dieses Glaubens. Raum und Zeit sind jedoch geistige Erfindungen des Menschen, um sich in der materiellen Welt zurechtzufinden. Um ein materielles Volumen messen zu können, ist eine Relation zwischen Volumen und gedachtem Raum nötig und um eine Bewegung messen zu können ist eine Ordnungsrelation zwischen zwei Bewegungen notwendig, wovon ich eine als Zeit bezeichne. Ich benötige folglich eine Maschine mit definierter Bewegung als Zeitmesser, wenn ich mich von der Sonne unabhängig machen will.

Die Materie kennt nur die Dynamik ihrer Objekte. Der Mensch braucht Beziehungen, mit denen er die Dynamik der Bewegung im physischen Volumen vergleichen und in seinem Bewusstsein abbilden kann. Das ist das Wesen der Relativität – die Beziehung zwischen Beobachter und Objekt.

Relativität bedeutet immer nur, dass die Wahl des Bezugspunktes vom Betrachter abhängt, nicht aber, dass der Raum gekrümmt ist und auch nicht, dass die Zeit unabhängig von der Bewegung ist, da die Geschwindigkeit als Verhältnis von Distanz zu Zeitintervall definiert ist. Die Unabhängigkeit der Zeit vom Weg hingegen würde bedeuten, dass die Zeit senkrecht zum Weg steht. Ich könnte ohne Zeitverlust von einem Ort zum anderen ziehen. Dass dies nicht der Fall ist, beweist jedoch jede analoge Uhr, denn die Pfeilspitze des Zeigers beschreibt einen Weg auf dem Zifferblatt, der Auskunft über die vergangene Zeit gibt. Wenn ich also Zeit bestimmen will, brauche ich eine Bewegung, die ich in Beziehung zum zurückgelegten Weg setzen kann. Doch welche Bewegung ist die seit Anbeginn der Welt?

Aus thermodynamischer Sicht kann man eine Explosion nicht an den Anfang stellen, denn eine Explosion zerstört eine Ordnung, die der Idee der Schöpfung widerspricht. Es ist also durchaus vernünftig, einen Schöpfungsakt als Anfang zu sehen. Das Problem ist der Schöpfer. Wer hat den Schöpfer gemacht? Es würde sofort Streit darüber ausbrechen, ob es sich um eine Selbstorganisation oder eine Fremdorganisation handelte. Beide Prinzipien wirken in offenen Systemen zusammen. Organisationen werden für einen Zweck gegründet und haben Ziele. Die Natur offenbart jedoch einerseits weder Zweck noch Ziel, weshalb der Begriff der Organisation im Zusammenhang mit der Physik unpassend ist. Ich habe daher den Begriff Stigmergie gewählt. Andererseits muss es eine Verbindung, eine Stigmergie, zwischen gleichartigen Objekten geben, die sich von einem Hintergrund abheben muss, wenn man eine geordnete Struktur erkennen will. Folglich kann keine Struktur aus dem Nichts entstehen, wie uns die Vertreter des Urknalls glauben machen wollen.

Die Idee, einen Prozess rückwärts laufen zu lassen, um zu einem Anfang zu gelangen, ist für eine Bildfolge nützlich. Bilder sind zeitunabhängig und wechselwirken nicht miteinander. Man nennt solche zeitunabhängigen Prozesse Markovprozesse.

Ein Entwicklungsprozess ist jedoch kein Markovprozess. Jeder neue Entwicklungsschritt ist von einem vorherigen Entwicklungsschritt entsprechend der Wechselwirkung zwischen Individuum und Umwelt abhängig und auf jedem Entwicklungsstand gibt es verschiedene Entscheidungsmöglichkeiten. Ein Entwicklungsprozess ist zeitabhängig. Das gilt auch für die Entwicklung des Kosmos. Das ist der wesentliche Unterschied zur Einsteinschen Raumzeit.

So steht der rekonstruierende Betrachter immer wieder vor der Frage: Woher kommt diese Entwicklung? Eine solche Rekonstruktion mag möglich sein, wenn noch Spuren von Entwicklungsschritten wie bei Sternen und Galaxien erkennbar sind.

Aber was, wenn solche Spuren wie bei größeren Strukturen unbekannt sind oder gänzlich fehlen? Darauf wird es dann keine wissenschaftliche Antwort geben. Das „Ding an sich" bleibt ein Mysterium, wie das schon Immanuel Kant festgestellt hat, aber manche Akademiker nicht wahrhaben wollen.

## 6.2 Dehnt sich der Weltraum aus?

Wenn der Raum und Zeit Begriffe sind, die als mathematische Ordnungsbeziehungen dienen, ist es nicht hilfreich anzunehmen, dass sich die Metrik des Raumes mit der Zeit ausdehnt. Wer messen will, muss als erstes ein verbindliches Maß definieren. Nicht umsonst gibt es darüber internationale Festlegungen, die im internationalen Einheitensystem (französisch *Système international d'unités*) festgelegt sind. Wenn ich meinen Betrachtungsmaßstab vergrößere, bedeutet das eine Skalierung im Sinne von Verkleinern. Aber das hat nichts mit der Physik des Messens zu tun.

Aber hier geht es um ein anderes Phänomen, das fehlinterpretiert wird. Aufgrund der spektralen Rotverschiebung, die Lemaître und die Vertreter des Urknalls als Dopplereffekt interpretieren, entsteht der Eindruck, dass sich alle Strahlungsquellen bis auf wenige Ausnahmen voneinander entfernen. Wie bereits festgestellt, beruht die spektrale Rotverschiebung nur zu einem geringen Teil auf dem Dopplereffekt.

Der größte Teil ist auf die Reduzierung der Lichtenergie durch deren Absorption im kosmischen Medium in Form von Staub zwischen Lichtquelle und Betrachter zurückzuführen. Damit ist die spektrale Rotverschiebung für die zuverlässige Bestimmung der Entfernungen im Kosmos ungeeignet, wie Halton Arp bereits festgestellt hat.

Wir müssen also fragen, ob sich das Volumen ausdehnt. Das Volumen steht jedoch im Verhältnis zur Masse. Wir müssten nach einer Quelle von Masse im Kosmos suchen und da der Effekt der Ausdehnung  scheinbar von der Erde ausgeht, wäre die Erde selbst die Quelle der Masse. Doch Hermann von Helmholtz hat schon vor langer Zeit den Erhalt von Masse und Energie festgestellt. 2011 missachtete das Nobelkomitee alle Grundlagen der Physik und verlieh einen Preis für die beschleunigte Expansion eines geschlossenen Kosmos. Aber der reale Kosmos ist ein offener. Versuchen Sie, einen Ballon mit einem Eingabeloch und einem Ausgabeloch aufzublasen.

**Nur ein geschlossenes System kann sich ausdehnen,
ein offener Kosmos nicht.**

Auch die Antwort auf die nächsten beiden Fragen hängt mit dieser Fehlinterpretation zusammen.


## 6.3 Wie groß ist der Kosmos und was liegt dahinter?

Die Frage geht davon aus, dass der Kosmos geschlossen ist. Ich teile in diesem Punkt die Auffassung von Papst Franziskus, dass der Kosmos im Gegensatz zu früherem Glauben offen ist und dass Grenzen nur durch unseren Beobachtungshorizont gesetzt sind. Was hinter diesen Grenzen liegt, ist eine Frage des Glaubens.

Nachdem sich die Rotverschiebung der Spektren als unbrauchbare Methode zur Entfernungsbestimmung erwiesen hat, haben wir nur noch die Chance, den Sternenhimmel mit Raumsonden in großer Entfernung von der Sonne zu beobachten, um so stereometrische Aufnahmen zu erhalten, die wir für die Entfernungsbestimmung auswerten können.

Um die Entfernung eines Objekts zu bestimmen, benötigen wir immer zwei Bilder aus unterschiedlichen Blickwinkeln. Wir kennen die Länge der Basislinie, die von unseren Beobachtungspunkten begrenzt wird und können die Winkel zwischen den beiden Beobachtungspunkten und dem beobachteten Objekt bestimmen. Dann können wir die Entfernung des Objekts mithilfe der Trigonometrie berechnen. Bisher war die größtmögliche Basislinie der Durchmesser der Erdumlaufbahn. Daraus wurde als Maß das Parsec abgeleitet, das etwa 3 Lichtjahren entspricht. Astronomen glauben, die Grenze unserer heutigen Beobachtbarkeit mittels Rotverschiebung in einer Entfernung von etwa 15 Milliarden Parsec gefunden zu haben. Die Angaben enthalten jedoch keinen Messfehler und sind daher spekulativ und vielleicht viel zu optimistisch.

Die Beobachtbarkeit des Kosmos wird immer endlich bleiben, was ihn vom unendlichen Universum trennt. Was jenseits des Beobachtungshorizonts liegt, ist ohnehin unergründlich und Gegenstand unwissenschaftlicher Spekulationen.

Ob es über sogenannte „Wurmlöcher" zu erreichende Parallelwelten gibt, ist reine Fantasie und entbehrt jeder physikalischen Grundlage. Dass sich namhafte Wissenschaftler damit beschäftigen, zeugt vom Niedergang der Astrophysik als ernsthafte Wissenschaft.

## 6.4 Wie alt ist der Kosmos?

Das Alter des Kosmos wird im Urknallmodell mit 13,4 Milliarden Jahren angegeben. Die Kreationisten haben sein Alter mit 6000 Jahre angegeben. Beide Modelle bauen auf die Kraft der Worte Gottes „Fiat lux" (et facta est lux) auf. Beide Modelle ignorieren die Tatsache, dass Licht das Ergebnis einer elektrischen Entladung in Materie ist.

Ist nun die erstere Aussage wissenschaftlicher als die letztere? Beide Aussagen beruhen auf Spekulationen, wobei wir eher der ersten Aussage vertrauen, weil wir in unseren Museen bereits mehr Beweise zur Geschichte der Erde gesammelt haben als wir zur Geschichte des Kosmos sammeln konnten und wir die Erde mit der Sonne als jünger als den Kosmos ansehen, da sich beide darin bewegen.

Wir haben die Erfahrung gemacht, dass die Grundbausteine der Materie, die Elektronen und Protonen, über unvorstellbare Zeiträume stabil sind. Das bedeutet, dass diese Bausteine außerhalb jeder Zeit existieren. Aus diesen beiden Bausteinen gibt es auch stabile Elemente. Es gibt keine Uhr, mit der man jemals das Alter des Kosmos bestimmen könnte. Bei Galaxien ist das anders. Dort finden wir zumindest ein Zeitmaß. Wenn man die Wasserstoffkonzentration in den Galaxien bestimmen kann, stellt sich heraus, dass Spiralgalaxien jünger sein müssen als strukturlose Galaxienhaufen. Spiralgalaxien haben stark entwickelte Wasserstofflinien, die mit zunehmendem Alter und mit zunehmender Kerngröße abnehmen. So kann man zumindest eine altersbedingte Ordnung zwischen den Galaxien herstellen, ohne jedoch einen Bezug zu anderen kosmischen Ereignissen herstellen zu können, denn wir wissen nicht, wann das Licht, dass wir heute beobachten, auf seine Reise durch den Kosmos gegangen ist und all unsere Beobachtungen liefern nur eine Momentaufnahme.                 .

## 6.5 Können wir unsere Erde verlassen?

Die erfolgreiche Mondmission von Apollo 11 nährt das Verlangen, auch andere Planeten zu besuchen. Selbst die dauerhafte Besiedelung dieser Planeten wird diskutiert.

Das erinnert mich an meine ersten Erfahrungen mit einem Aquarium, besetzt mit einigen Pflanzen und Fischen. Man kann kein besseres Studienobjekt für die Beantwortung dieser Frage finden.

Im Winter hatte mein Aquarium von etwa 5 Liter Inhalt an einen dunkleren Platz am Ofen umziehen müssen. Dort war es zwar warm, aber es fehlte den Pflanzen das notwendige Licht zur Fotosynthese. Sie starben ab  und nicht viel später die Fische wegen fehlenden Sauerstoffs. Das geschlossene System kippte.

Wir Menschen sind an die Existenz der Pflanzen und Pilze gebunden und das nicht nur in Form von Nahrung und Sauerstoff. Die Einrichtung einer Biosphäre unterliegt dem thermodynamischen Gesetz, wie wir es unter Abschnitt 1.2 besprochen haben. Selbst wenn es uns gelingt, auf der Erde eine geschlossene Biosphäre für einige Zeit aufrecht zu erhalten, ist es zweifelhaft, ob sie unter Weltraumbedingungen funktionieren kann, da dort entweder weniger Energie zur Verfügung steht oder zu viel Energie, die nicht abgeführt werden kann.

Wir erkennen gerade, dass wir zu Beginn des 21. Jahrhunderts dabei sind, unseren riesigen Planeten zu zerstören, indem wir ihm mehr Ressourcen abverlangen, als er uns dauerhaft zur Verfügung stellen kann oder thermodynamisch ausgedrückt, weil wir mehr Entropie erzeugen, als die Erde abbauen kann.

Wie lange mag eine kleine, von Menschen bevölkerte Biosphäre in Form eines Raumschiffs zwischen den Welten überleben können, bei der wir mit der Reisegeschwindigkeit des Sonnenwinds Reisezeiten von Hunderten von Generationen einkalkulieren müssen,  ehe sie ein benachbartes Planetensystem mit einer für Menschen lebenswerten Umlaufbahn erreicht, da wir in unserem

Planetensystem keinen besser geeigneten Ort finden werden, als den erdnahen Orbit?

Was soll die wohldosierte Energie auf dieser langen Weltraumreise liefern, wenn es keine künstliche Sonne ist, die in das Raumschiff eingebaut werden müsste?

Weltraumtourismus ist also eine höchst fragwürdige und Ressourcen verschlingende Angelegenheit, die unserem Planeten nur Schaden bringen kann.

**Unser Raumschiff ist der Planet Erde. Wir können kein komfortableres Raumschiff bekommen.**

Halten wir unsere Erde sauber und schützen wir sie vor der Machtgier weniger, die keinen Respekt vor dem Leben der Natur haben und ihre Ressourcen zu Geld und Müll machen wollen! Das kann jedoch nur durch den Willen der Mehrheit einer aufgeklärten Menschheit geschehen. Dazu haben sich Diktaturen in der Vergangenheit als ungeeignet erwiesen.

Wir erleben derzeit einen menschengemachten Klimawandel, weil wir die Erde mit den seit Millionen von Jahren gespeicherten Energieressourcen durch unseren Stoffwechsel aufheizen. Zwei Drittel dieser Energie geht bei der Umwandlung in Elektrizität bei der Kraft-Wärme-Kopplung in thermische Energie über. Der Anstieg des Kohlendioxids in der Atmosphäre ist nur der Indikator für diesen gesellschaftlichen Stoffwechselprozess und nicht der Auslöser der Klimaerwärmung, wie uns Glauben gemacht wird.

# Epilog

*Der Unterschied zwischen Ingenieuren und Physikern ist,*
*erstere beherrschen die Mathematik und letztere werden von ihr be-*
*herrscht.*

Die in diesem Buch entwickelten Ideen und Thesen unterscheiden sich erheblich von den aktuellen akademischen Lehren der modernen Physik. Ja, sie stellen mit ihrem neuen Paradigma sogar die aktuellen Lehrbücher weitgehend in Frage, weshalb ich etwas zu den Hintergründen der Entstehung dieses Paradigmas sagen muss.

Der Mathematiker David Hilbert machte 1912 einmal die arrogante Aussage:

### Physik ist für Physiker viel zu schwierig [110])

Wenn ich mich während des Studiums beschwerte, dass ich keine Vorstellung von Dingen und Vorgängen entwickeln könnte, insbesondere in der sogenannten modernen Physik, bekam ich meistens die Antwort, dass es nicht nötig sei, eine Vorstellung zu haben. Ich müsse nur rechnen. Das hielt mich schließlich davon ab, die theoretische Physik als mein Lebensziel zu betrachten, denn zu jeder Algebra gehört auch eine Geometrie. Mein Interesse richtete sich dann mehr auf die analytischen Messtechniken von Atomen und Molekülen und die Auswertungen der Messpro-

---

110  C. Reid - *Hilbert;* Springer-Verlag, Berlin/Heidelberg/New York 1970, S. 127, books.google.de https://books.google.de/books?id=RtnvBgAAQBAJ&pg=PA127&dq=%22is+much+too+hard+for+physicists.%22

tokolle führten mich zur Informatik und dann zunehmend zum Studium der Entwicklung der Mathematik. Erst als mein aktives Berufsleben vorbei war, fand ich Zeit und Muse, um über die Rätsel meiner Studienzeit nachzudenken.

Wenn also einem Naturwissenschaftler die Naturerkenntnis zu schwierig ist und er sie den Geisteswissenschaftlern überlassen muss, um sie zu axiomatisieren, dann ist etwas komplett schief gelaufen in der Ausbildung des Naturwissenschaftlers.

Seit meinem beruflichen Ruhestand im Jahr 2005 hatte ich mir zum Ziel gesetzt, Relativität und Quantenmechanik so wie ich sie aus den Lehrbüchern gelernt hatte, wirklich verstehen zu wollen. Aber ich gewinne kein Verständnis, indem ich einfach den Gedankengängen eines Vordenkers folge, dazu gibt es zu viele Abzweigungen auf dem Gedankenweg. Folge ich dem Lehrbuch bedingungslos, befinde ich mich sofort in den Grenzen des Vordenkers und das widerspricht dem Paradigma dieses Buches. Ich muss diese Grenzen ohne Spekulation überschreiten können. Nur so kann ich den Paradoxien entkommen, die von den Theoretikern angehäuft wurden. Doch das erfordert ein umfangreicheres und strukturierteres Wissen, als das was Lehrbuch vermittelt. Das kann man als junger Mensch noch nicht haben. Es ist keine Frage des IQ, sondern eine Frage des jahrzehntelangen Fleißes.

Da mich meine berufliche Entwicklung über das Studium der nichtnumerischen Mathematik von der Physik zur Informatik geführt hat, habe ich einen viel tieferen Einblick in die Mathematik erlangt, als es Physiker in ihrer Ausbildung je bekommen haben. Die praktische Anwendung dieses Wissens im Ingenieurwesen stand dabei immer im Vordergrund. Ich habe erst dadurch erkannt, was wirkliches Wissen ist, wenn es um das Bewährte geht. Natürlich kann der menschliche Geist hervorragend mit Mathematik spielen, aber die Natur folgt keinen Verallgemeinerungen, keinen Transformationen und was auch immer ein lebendiger Geist sich einfallen lässt. Dieser Geist lebt vor allem von Idealisierungen, die dem Ingenieur auf die Füße fallen, wenn er sich bedingungslos an die Versprechungen der Theorien in der Praxis hält. In der Praxis haben wir es immer mit einem Gemisch von verschiedenen Erscheinungen zu tun, die in den Lehrbüchern oft auf sehr weit entfernten Seiten zu finden sind, wie beispielsweise, wenn man die  Dynamik eines Vulkanausbruchs beschreiben wollte.

*Abb.57: Ausbruch des Sakurajima 2009    Foto: Martin Ritz*

Die Betrachtung von Abb.57 über den Ausbruch des Sakurajima im Süden der Insel Kyūshū  Japan  war der Auslöser für mich,

Dynamik als eine physikalische Einheit aus Mechanik, Thermodynamik und Elektrodynamik aufzufassen, wobei ich das Verhalten der Entropie der Materie in offenen Systemen als das Grundgesetz der Naturwissenschaft identifiziert habe. Es ist daher
nicht verwunderlich, dass es schon in der alten indischen Philosophie als Trimurti zu finden ist.

Der subjektivistische Blick auf die Natur als *„Wille und Vorstellung"* verführte zu dem Glauben, dass man allein mit Gleichungen wissenschaftliche Zusammenhänge beweisen könne. Doch
das dies eine Illusion ist, habe ich in meinem Berufsleben erkennen müssen. Diesen kritischen Blick auf die mathematischen
Methoden und ihren formenden Einfluss auf die Physik konnte
ich als Student nicht haben, weil ich einfach keine praktische Le-
benserfahrung hatte. Und das ist auch das Problem der Theoretiker in den Bildungseinrichtungen. Es fehlten die Impulse der
Physik, Anforderungen an die Mathematik zu stellen. Das war in
den Ingenieurwissenschaften anders. Sie beeinflussten nachhaltig die Entwicklung der Mathematik durch die Anforderungen, die
die Informatik stellte. So gelang es, mittels Algorithmen dynamische Modelle zu schaffen und diese mit der Realität zu vergleichen. Das können unanschauliche Gleichungssystem nicht leisten.

Im Deutschen gibt es das schöne Wort „begreifen" für verstehen.
Es bedeutet, mit den Händen zu greifen. Wir können nur verstehen, was wir mit unseren Sinnen erfassen können. Mathematische Formeln helfen da wenig und das Überschreiten der Grenzen unser sinnlichen Fähigkeiten führt zwangsläufig in die Irre.
Das hat uns schon Immanuel Kant mit seiner Kritik an der reinen
Vernunft mitgeteilt, nur wurde er, wenn überhaupt gelesen, nicht
verstanden.

Die Angst um die Reinhaltung der akademischen Lehre von
glaubensfremden Einflüssen und das Fehlen philosophischer

und physikalischer Grundkenntnisse bescherte uns die vielen Paradoxien der Physik der letzten hundert Jahre. Ob sie und die thermodynamische Klimakrise in der nächsten Generation überwunden werden, ist eine Frage, die ich nicht zu beantworten wage. Es ist eine Frage, ob die Menschheit in der Lage sein wird, Gier und Hass durch Bildung zu ersetzen. Trotz vieler guter Ansätze scheint die Gesamtbilanz zur Zeit eher negativ, wenn man politische Absichtserklärungen mit politischem Handeln vergleicht.

Damit übergebe ich mein Buch dem Meer der Informationen in der Hoffnung, das es irgendwo einmal auf fruchtbares Land gespült werde und meine Ideen zum Nutzen einer mehr naturverbundenen Gesellschaft als der gegenwärtigen keimen mögen.

Dr. Ing. Dipl. Phys. Mathias Hüfner

# Danksagungen

Nachdem mein erstes Buch erschienen war, hatte ich einen regen Gedankenaustausch mit einer Reihe von Wissenschaftlern. Dieser Gedankenaustausch hat mich zu dem vorliegenden Buch stimuliert. An dieser Stelle möchte ich Namen nennen, denen ich für ihre Anregungen dankbar bin, auch wenn wir teilweise diametral unterschiedlicher Meinung waren. Dissensen sind die stärksten Motive für die Formulierung eigener Ideen.

So danke ich Hannes Täger, Klaus Gebler, Jean de Climont, Andre Koch Torres Assis, Vladimir Netchitailo, Christian Joos und nicht zuletzt die Thunderbolt-Community unter der Leitung von Wal Thornhill mit dem Kontakt über Susan Schirott für die fruchtbare Zusammenarbeit.

Natürlich danke ich auch meiner Ehefrau Marlies Hüfner für ihre Geduld mit mir, wenn ich trotz meiner physischen Anwesenheit geistig abwesend war.

# Sachwortverzeichnis

# Über den Autor

Der Autor studierte von 1964 bis 1970 an der Universität in Leipzig Physik. Er diplomierte am dortigen Institut für Radioaktive Isotope der damaligen Akademie der Wissenschaften der DDR. Anschließend arbeitete er bis 1978 bei Carl Zeiss Jena in der Abteilung Analytische Messtechnik an der Entwicklung optischer Messgeräte und Software zur Analyse von Spektraldaten.
Später nahm er eine Stelle als Assistent an der damaligen Sektion Technologie der Friedrich-Schiller-Universität Jena im Bereich Kybernetik und Versuchsplanung an, studierte nichtnumerische Mathematik, Informatik und andere Ingenieurwissenschaften und promovierte 1983 auf diesem Gebiet und arbeitet in der technologischen Forschung und Lehre.
Nach dem gesellschaftlichen Wandel auf dem Gebiet der damaligen DDR begann der Autor nach mehreren Zusatzqualifikationen eine freiberufliche Lehrtätigkeit im Bereich Informatik, die er bis zum Erreichen des Rentenalters 2008 ausübte.

Erst danach begann er wieder als selbstständiger Physiker zu arbeiten und Kontakte in die ganze Welt zu knüpfen. Vor allem Halton Arp und Paul Marmet, Benoît Mandelbrot und Gerald Pollack haben das Denken des Autors nachhaltig geprägt. So fand er als Unterstützer schließlich den Weg zu den Thunderbolts, einer kleinen avantgardistischen Gemeinschaft von Wissenschaftlern und Ingenieuren, die an einem neuen Verständnis des Kosmos arbeiten. Auch wenn nicht alle dort vertretenen Ideen, die teilweise einen mythologischen Hintergrund haben, fruchtbar sind, konnte der Autor mit seinem in Leipzig erworbenen Grundverständnis der Physik die fruchtbaren von den unfruchtbaren trennen und erstere zu einem neuen Paradigma der Physik zusammenführen..

2019 und 2020 veröffentlichte er sein erstes Buch in englischer und deutscher Sprache mit dem Titel „*Moderne Astrophysik trifft auf Ingenieurwissenschaften*"[111]).
Er unterhält auch eine Website http://mugglebibliothek mit Aufsätzen, Büchern und YouTube-Filmen über das nichtakademische Paradigma des Elektrischen Universums.

---


111 https://www.bod.de/buchshop/catalogsearch/result/?
    q=Moderne+Astrophysik+trifft+auf+Ingenieurwissenschaften